Pooya Arvin
Rana Firuzeh

Colza oleaginosa

Pooya Arvin
Rana Firuzeh

Colza oleaginosa

ScienciaScripts

Imprint

Cover image: www.ingimage.com

This book is a translation from the original published under ISBN 978-3-659-82800-3.

Publisher:
Sciencia Scripts
is a trademark of
Dodo Books Indian Ocean Ltd. and OmniScriptum S.R.L publishing group

120 High Road, East Finchley, London, N2 9ED, United Kingdom
Str. Armeneasca 28/1, office 1, Chisinau MD-2012, Republic of Moldova, Europe
Printed at: see last page
ISBN: 978-620-8-17281-7

Prefácio

A colza tem propriedades únicas para o cultivo e fornecimento de óleo comestível. Elevados rendimentos, rápida germinação e estabelecimento, tolerância ao frio, boa competição com as ervas daninhas na primavera, baixa necessidade de água, melhoria da fertilidade do solo, aumento da matéria orgânica no solo, grande diversidade de variedades, elevado teor de óleo (35-40%) e de proteínas (30%), adaptação a diferentes condições de solo e de clima, variedades de primavera e de inverno, melhoria da apicultura, etc. são algumas das caraterísticas agronómicas notáveis da colza. Em termos de produção de óleo alimentar, a colza ocupa também o terceiro lugar, depois da soja e da palma. Uma melhor compreensão das condições óptimas de crescimento, da arquitetura da copa, das caraterísticas fisiológicas, das exigências ecológicas e da resistência aos factores ambientais pode ajudar a aumentar o rendimento final. Esta tese está dividida em três capítulos. O primeiro capítulo contém informações gerais sobre a colza e o capítulo seguinte contém algumas revisões da literatura sobre as caraterísticas fisiológicas e a formação do rendimento da colza. Os conteúdos destes dois capítulos foram retirados de várias referências. No terceiro capítulo, apresentamos as nossas conclusões e resultados sobre a investigação de algumas caraterísticas fisiológicas e morfológicas de variedades primaveris de colza. Durante as nossas experiências, avaliámos 13 cultivares de colza de primavera pertencentes às três espécies *B.napus*, *B.rapa* e *B.juncea*. Os nossos resultados foram apresentados e publicados na íntegra em várias conferências e em revistas científicas. Tentámos realçar as diferenças entre variedades e espécies e compreender melhor os factores que determinam o rendimento final.

Propõe-se a repetição das experiências em diferentes condições e a investigação de outras caraterísticas, a fim de obter resultados completos.

CAPÍTULO 1

1.1 INTRODUÇÃO

A colza de Brassica é uma das sementes oleaginosas valiosas que tem atraído muita atenção nos últimos anos. Em comparação com outras oleaginosas, a colza registou o maior crescimento nas últimas décadas e ocupa atualmente o terceiro lugar, depois da soja e do óleo de palma (Arvin *et al.* 2011).

Quatro espécies de Brassica são amplamente cultivadas como sementes oleaginosas: *Brassica napus* (colza), *B. rapa* (nabo silvestre), *B. juncea* (mostarda da Índia) e *B. carinata* (mostarda da Etiópia). Quando estas espécies são cultivadas para a produção de sementes oleaginosas, são geralmente designadas por "colza" ou "colza oleaginosa". As relações genómicas entre estas espécies de Brassica são bem conhecidas (Downey e Rimmer 1993). *Brassica rapa* (n=10; A), *B. nigra* (n=8; B) e *B. oleracea* (n=9; C) são as espécies mais importantes. *Brassica juncea* (n=18; AB), *B. napus* (n=19; AC) e *B. carinata* (n=17; BC) são ampidiplóides resultantes de cruzamentos entre pares correspondentes das espécies principais. A forma invernal da *B. napus* é a variedade de colza mais comummente cultivada na Europa e na China. Nas zonas mais frias do norte da Europa e do Canadá, cultiva-se a forma estival da *B. napus* ou a forma invernal ou estival *da B. rapa*. Na Austrália, onde a água é frequentemente escassa, a forma estival da *B. napus* tornou-se a variedade de colza mais comummente cultivada. *A Brassica juncea* é frequentemente cultivada na Índia e em partes da China. *A Brassica carinata* é cultivada no nordeste de África (Berry e Spink, 2006).

A canola é um tipo de biótipo de colza. A palavra "canola" vem de "óleo canadiano, pouco ácido". A palavra "colza" em canola deriva da palavra latina "rapum", que significa "nabo". Os nabos, a couve, as couves-de-bruxelas, a mostarda e muitos outros legumes estão relacionados com a colza.

Em 2000, as sementes de colza forneceram 0,16% do óleo vegetal utilizado para consumo humano e animal, bem como para fins industriais (www.usda.gov). O óleo de colza foi a terceira fonte mais importante de óleo vegetal, depois da soja (0,31) e da palma (0,28). O óleo de colza ganhou uma excelente reputação pelas suas qualidades nutricionais na dieta humana e é o componente mais importante da semente em termos de valor de mercado. A farinha é uma importante fonte de proteínas na alimentação animal. As sementes oleaginosas e os seus produtos são os produtos agrícolas mais valiosos no comércio mundial. A colza fornece também cerca de 0,12% da oferta mundial de farinhas proteicas (www.usda.gov).

A superfície mundial cultivada com colza passou de pouco mais de 7 milhões de hectares em 1965 para quase 27 milhões de hectares em 2005. Este aumento corresponde a uma duplicação da área cultivada em cada 20 anos. Em 2005, a China cultivava a maior parte da superfície mundial de colza (0,27), seguida da Índia (0,25), do Canadá (0,19), da Europa (0,16) e da Austrália (0,04). Desde 1995,

O maior aumento proporcional da área cultivada foi registado na Austrália e na Europa.

Embora a área cultivada com colza esteja a aumentar a nível mundial, os rendimentos finais também estão a aumentar. De acordo com as estatísticas, os rendimentos da colza variam muito em todo o mundo. Desde 2000, os rendimentos médios foram de 3 toneladas/ha ou mais no

Reino Unido, na Alemanha e em França, de 2,4 toneladas/ha na Polónia e de 1,6 a 1,0 toneladas/ha na China, no Canadá, na Austrália e na Índia. O rendimento médio mundial da colza aumentou de cerca de 0,6 toneladas/ha no início da década de 1960 para 1,6 toneladas/ha na década de 2000. O aumento médio anual do rendimento foi de 26 kg/ha. Esta taxa de aumento tem sido relativamente constante desde os anos 60 e não há sinais de abrandamento. Registaram-se aumentos de rendimento igualmente consistentes em alguns países, como a China, onde o aumento médio anual foi de 30 kg/ha, a Índia (15 kg/ha), o Canadá (14 kg/ha) e a Alemanha (39 kg/ha). Em França, na Austrália, no Reino Unido e na Polónia, os aumentos de rendimento parecem ter diminuído ou estagnado: Nestes países, o aumento médio anual do rendimento até 1985 situou-se entre 28 e 65 kg/ha. Por conseguinte, é evidente que os rendimentos agrícolas deixaram de aumentar em vários países. Isto pode dever-se ao facto de o potencial de rendimento para o ambiente ter sido atingido nesses países, impossibilitando novos aumentos de rendimento. No entanto, também pode acontecer que o potencial de rendimento seja maior mas não esteja a ser utilizado devido à falta de progresso genético (Berry e Spink, 2006).

Para compreender melhor o aumento do rendimento, devemos primeiro compreender a estrutura do rendimento final, os componentes do rendimento e as caraterísticas fisiológicas que o compõem. Este objetivo pode ser alcançado através da análise dos factores que, direta ou indiretamente, contribuem para a formação do rendimento final. Nesta revisão, tentámos apresentar estes factores a partir de vários artigos que foram escritos sobre este tema.

1.2 HISTÓRIA DO RAPEZIERPRODUÇÃO (shahidi.1990)

O homem primitivo domesticou a colza, bem como outras plantas. As civilizações antigas da Ásia e do Mediterrâneo registaram a utilização do óleo de colza. Os primeiros registos indicam que a colza foi cultivada na Índia há mais de 3.000 anos. Foi depois introduzida na China e no Japão por volta da época de Cristo.

No passado, a colza era produzida principalmente como lubrificante para máquinas. Devido ao seu elevado teor de glucosinolatos, uma substância amarga que torna o óleo intragável, e de ácido erúcico, uma substância tóxica associada a lesões cardíacas, a colza não era cultivada. No entanto, em 1973, cientistas agrícolas canadianos criaram variedades de colza com um teor suficientemente baixo destas substâncias.

substâncias que tornam a planta palatável e segura para consumo humano e animal.

1.3 DIFERENÇAS ENTRE A RAPÉZIA E A CANOLA (shahidi.1990)

As variedades tradicionais de colza que ainda são cultivadas nos países asiáticos contêm cerca de 22-60% de ácido erúcico no seu óleo. O óleo de colza com elevado teor de ácido erúcico (HEAR) é extraído destas variedades. Enquanto a presença de ácido erúcico reduz o valor nutricional do óleo, os glucosinolatos goitrogénicos reduzem o valor alimentar da farinha. As variedades canadianas foram geneticamente modificadas para ultrapassar estes problemas; o

óleo LEAR (Low Erucic Acid Rapeseed), que contém 5% ou menos de ácido erúcico, foi produzido pela primeira vez no Canadá em 1968. Os óleos LEAR são também conhecidos como variedades "single-low" ou "single-zero". Estas culturas foram depois gradualmente convertidas nas variedades "double low" ou "double zero", que têm um baixo teor de ácido erúcico e de glucosinolatos. Várias destas variedades foram autorizadas em 1974. O carácter baixo em glucosinolatos foi adotado da variedade polaca Bronowski. Candle, a primeira estirpe de uma variedade de *B.* campestris que contém simultaneamente baixo teor de ácido erúcico e baixo teor de glucosinolatos, foi cultivada no Canadá em 1976. Dado que esta variedade de casca amarela contém também pouca fibra, é designada por "triple-low" ou "triple-zero".
O termo "canola" foi introduzido no Canadá em 1979 para todas as variedades "double-low". De acordo com a definição mais recente, a canola é uma variedade de colza que contém menos de 2% de ácido erúcico no seu óleo e menos de 30 µmol/g de um ou de uma combinação dos quatro glucosinolatos alifáticos conhecidos (gluconapina, progoitrina, glucobrassicanapina e napoleiferina) na sua farinha desengordurada. Em 1985, a Food and Drug Administration (FDA) dos EUA reconheceu que a colza e a canola são espécies diferentes e concedeu à canola o estatuto GRAS (geralmente reconhecido como seguro).

1.4 BRASSICA-SPEZIES (Rakow. 2004)

O género *Brassica* é um dos 51 géneros da tribo *Brassiceae*, que pertence à família das crucíferas, e é o género mais importante economicamente dentro desta tribo, com 37 espécies diferentes. O género *Brassica* inclui muitas espécies de plantas úteis que produzem raízes, folhas, caules, botões, flores e sementes comestíveis. Em segundo lugar estão os géneros *Raphanus*, que são cultivados pelas suas raízes comestíveis, e *Sinapis* como fonte de especiarias. Existem muitos parentes selvagens que podem ser utilizados como fontes de óleo, especiarias e outros produtos. Os parentes silvestres podem ser utilizados como fontes de esterilidade masculina citoplasmática (androsterilidade) para o desenvolvimento de sistemas de produção de sementes híbridas em

As culturas de Brassica e fornecem genes essenciais para a resistência a várias doenças e pragas. Certos traços visíveis são informativos nas *Brassiceae*. A mucilagem é um fenómeno muito comum nas sementes das plantas da tribo *Brassiceae* e tem, portanto, valor taxonómico. Por exemplo, as sementes das espécies 9-cromossómicas do género *Sinapis*, como *S. arvensis*, não contêm mucilagem, enquanto as espécies 12-cromossómicas, como *S. alba*, contêm mucilagem. Algumas espécies de *Sinapis* e *Crambe* têm cotilédones peludos, o que constitui uma exceção. Os géneros adaptados à seca, como *Moricandia*, tendem a ser glabros, mas são mais sensíveis aos afídeos do que as espécies peludas. A forma e a cor das flores variam muito, do amarelo ao branco e ao roxo (*Moricandia*), e a cor das sementes maduras varia do amarelo ao preto.

ORIGEM, TAXONOMIA E DISTRIBUIÇÃO

1.4.1 *Brassica oleracea* L.; n=9

As espécies selvagens do grupo *B.* oleracea (n = 9) ocorrem em áreas pequenas e isoladas e formam fenótipos muito diferentes.

1.4.2 *Brassica nigra* L. Koch; n=8

A espécie elementar *B. nigra* (L.) Koch (n = 8) cresce de forma selvagem como erva daninha em campos cultivados na região mediterrânica. Foi encontrada nas bermas das estradas, nos campos e em condições semi-cultivadas. As plantas de *B. nigra* podem atingir uma altura de até 2 m e não necessitam de vernalização para a indução da floração.

1.4.3 *Brassica rapa* L.; n=10

Presume-se geralmente que *a B. rapa* L. (sinónimo de *B. campestris* L., n = 10) é originária das terras altas próximas do Mediterrâneo e não das zonas costeiras do Mediterrâneo. O clima nestas regiões montanhosas é muito frio e *a B. rapa* apresenta um crescimento vegetativo rápido a baixas temperaturas. A partir daqui, espalhou-se para norte até à Escandinávia e para oeste até à Europa de Leste e à Alemanha.

Presume-se que *a B. rapa* foi introduzida na China como espécie agrícola através da Ásia Ocidental ou da Mongólia. A introdução no Japão pode ter sido feita através da China ou da Sibéria. *A Brassica rapa* é cultivada na Índia como oleaginosa, mas não são conhecidas formas selvagens na Índia. Também é cultivada como oleaginosa na Suécia, na Finlândia e no Canadá. São conhecidos sete grupos de tipos vegetais de *B.* rapa, nomeadamente: var. campestris, var. pekinensis, var. chinensis, var. parachinensis, var. narinosa, var. japonica e var. rapa. Até há pouco tempo, estes grupos eram considerados como espécies separadas devido às grandes diferenças existentes entre eles.

a variabilidade das variedades e o facto de se terem desenvolvido isoladamente umas das outras. A couve-da-china (var. pekinensis) tem o seu centro de diversidade no norte da China e está, em certa medida, relacionada com a variedade oleaginosa aí cultivada. Está adaptada a um clima um pouco mais frio. A var. chinensis é uma hortaliça de folha distinta das espécies de colza da China central, a var. para-chinensis é um derivado da var. chinensis e a var. campestris é a hortaliça de folha mais primitiva. A var. narinosa tem uma elevada tolerância ao frio e é semelhante na sua adaptação à var. chinensis. A var. japonica é uma hortaliça de folha do Japão. A var. rapa (nabo) é cultivada em todo o mundo como legume e como alimento para animais.

1.4.4 *Brassica carinata* A. Braun; n=17

Brassica carinata (n = 17) é uma espécie anfidiplóide resultante de cruzamentos interespecíficos entre *B. nigra* (n = 8) e B. *oleracea* (n = 9). Não são conhecidas formas selvagens de *B. carinata.* O seu cultivo restringe-se ao planalto etíope, onde pode ter evoluído a partir de híbridos entre a couve, que é cultivada no planalto desde tempos antigos, e a *B. nigra* selvagem ou cultivada. *A Brassica carinata* cresce lentamente, uma caraterística que pode ter herdado da sua progenitora *B. oleracea*, e as suas sementes contêm óleo de mostarda comparável ao da B. nigra. Os agricultores da Etiópia cultivam *a B. carinata* como vegetal de folha nas suas hortas e também colhem as sementes para obter óleo.

1.4.5 *Brassica juncea* L. Czern & Coss; n=18

A Brassica juncea (n = 18) é uma espécie anfidiplóide resultante de cruzamentos interespecíficos entre *a B. nigra* (n = 9) e *a B. rapa* (n = 10) e ocorre em estado selvagem no Médio Oriente e no sul do Irão. Na Índia é cultivada como oleaginosa (mostarda castanha ou indiana) e na China como legume de folha, sendo a mostarda de folha a mais diferenciada. A forma de raiz (tipo nabo) var. napiformis é também cultivada na China. No entanto, a China não pode ser considerada como o país de origem da *B. juncea*, uma vez que as duas espécies-mãe, *B. nigra* e *B. rapa*, nunca foram encontradas como espécies selvagens neste país. As formas chinesas *de B.* juncea têm sementes amarelas, em contraste com as espécies indianas com sementes castanhas, que também têm um tamanho de semente maior. Os tipos de *B.* juncea com sementes amarelas são cultivados como sementes oleaginosas na Ucrânia. Os tipos de sementes oleaginosas indianas contêm principalmente 3-butenil glucosinolato nas suas sementes e tecido vegetativo, enquanto *a B. juncea* da China contém apenas 2-propenil (alil) glucosinolato e apenas vestígios de 3-butenil glucosinolato. A mostarda Brassica juncea é também cultivada nos países ocidentais para a produção de mostarda condimentar, sendo a produção principal no oeste do Canadá (mostarda castanha e oriental).

1.4.6 *Brassica napus* L; n=19

A Brassica napus (n = 19) é uma espécie anfidiplóide resultante de cruzamentos interespecíficos entre *a B. oleracea* (n = 9) e *a B. rapa* (n = 10). Foram encontradas formas selvagens de *B. napus* nas praias de Gothland, na Suécia, nos Países Baixos e no Reino Unido. Há também relatos de que foram encontradas formas naturalizadas de *B. napus*, distintamente diferentes de qualquer *B. napus* cultivada, nas falésias costeiras da Nova Zelândia, onde *B. oleracea* e *B. rapa* crescem selvagens. Pensa-se que *a B. napus* teve origem na costa do Norte da Europa, onde tanto *a B. oleracea* como *a B. rapa* crescem em estado selvagem; outros investigadores acreditam que *a B. napus* teve origem no Mediterrâneo ou na Europa Ocidental ou do Norte. É possível que *a B. napus* tenha tido origem em diferentes locais a partir de cruzamentos entre diferentes formas de *B. oleracea* e *B. rapa*. Em muitos países do mundo, tanto as formas de inverno como de verão de *B. napus* são cultivadas como sementes oleaginosas, sendo a espécie de Brassica oleaginosa de maior rendimento em cultura. O seu elevado potencial de rendimento pode estar relacionado com a sua elevada taxa fotossintética por unidade de área foliar, que está positivamente relacionada com o número de cloroplastos por unidade de área foliar e com o volume dos cloroplastos. Foram registadas correlações semelhantes para o arroz e o trigo de elevado rendimento. Existem também tipos de *B.* napus que formam raízes, conhecidos como nabos, que são cultivados como produtos hortícolas e alimentos para animais.

1.5 IMPORTÂNCIA ECONÓMICA DAS ESPÉCIES DE BRÁSSICAS

Em qualquer sistema agrícola, os agricultores tentam aumentar o rendimento económico ou o índice de colheita (HI=rendimento económico/rendimento biológico $\times 100$), que é um objetivo desejável em qualquer sistema agrícola. O objetivo económico da cultura de Brassica pode ser dividido em três categorias. As culturas de brássicas podem ser utilizadas para biocombustível, produtos hortícolas e óleo alimentar. Tendo em conta a procura de óleo comestível por parte da população, o cultivo de Brassica para o fornecimento de óleo comestível parece ser importante. Foram ainda discutidas três utilizações possíveis da Brassica:

1.5.1 Biocombustível de Brassica (Tahir *et al.* 2012)

A Brassica é utilizada como fonte de energia renovável para a produção de biodiesel para alimentar veículos a motor, entre outras coisas. Em geral, o óleo de colza tem 90 % do poder calorífico do óleo mineral. No entanto, como é 10% mais pesado do que o óleo mineral, o seu teor calorífico por litro é semelhante ao do óleo mineral. O biodiesel de óleo de colza é produzido através do processo de metanólise, que produz um combustível renovável e um subproduto de aglicerina. O biodiesel de óleo de colza é um combustível renovável e biodegradável, compatível com os motores a gasóleo disponíveis no mercado e com propriedades respeitadoras do ambiente, tais como uma menor emissão de gases de escape.

Toxicidade e emissões mais baixas. O biodiesel derivado do óleo de Brassica é utilizado com êxito, em estado puro, nos motores diesel mais recentes sem danificar o motor e é também frequentemente misturado com o diesel convencional em proporções variáveis (12-20%). O gasóleo obtido a partir de sementes de colza é também utilizado para gerar calor, energia e eletricidade.

8. napus L. já se estabeleceu como uma matéria-prima comum para a produção de biodiesel.

1.5.2 Brássicas (Rakow. 2004)

Os produtos hortícolas do género Brassica são de grande importância económica em todo o mundo e são cultivadas várias espécies. A espécie mais importante de Brassica é a *B. oleracea*, que fornece uma vasta gama de variedades únicas de couve, incluindo couve-coração, couve-de-bruxelas, couve-flor, brócolos e outras. Grande parte da produção é consumida localmente; no entanto, existem também centros de produção em certos países, como o sul da Califórnia, de onde os produtos são expedidos durante todo o ano em camiões especiais para outros estados e para o Canadá. A Bretanha, em França, é o centro europeu de produção e investigação de brássicas. A criação de produtos hortícolas *B.* oleracea é efectuada em instituições estatais e universidades, bem como por empresas privadas de criação. Existem objectivos de criação muito específicos para as diferentes variedades, sendo a uniformidade da colheita de importância primordial para a comercialização. O desenvolvimento de germoplasma e variedades resistentes a doenças e pragas é o segundo objetivo mais importante. Mais recentemente, foram lançados programas de melhoramento com o objetivo de desenvolver variedades híbridas F1 para melhorar a uniformidade e a produtividade das culturas.

A Brassica rapa var. pekinensis ou couve-chinesa e a var. chinensis (couve-de-folhas) são muito cultivadas como produtos hortícolas na China. A Brassica alboglabra ou couve chinesa é um dos 10 principais produtos hortícolas em alguns países do Sudeste Asiático, como a Tailândia, e é também cultivada na China. A maior parte da produção é consumida localmente e a produção está concentrada em hortas domésticas e hortas de cozinha nas cidades. A mostarda de folha (*B. juncea*) é consumida em grandes quantidades na China e noutros países asiáticos. São cultivados vários tipos diferentes de folhas: var. japonica, var. integrifolia e outras. A maior diferenciação de tipos de plantas encontra-se na província chinesa de Sichuan. A mostarda de folha é uma cultura hortícola local e o seu comércio é reduzido.

1.5.3 Sementes oleaginosas de Brassica

As sementes oleaginosas são muito importantes para a produção de óleo comestível para consumo humano e constituem a terceira cultura mais importante, a seguir aos cereais e às leguminosas. As sementes oleaginosas de Brassica são atualmente a terceira cultura oleaginosa mais importante e uma importante fonte de óleo vegetal. As sementes oleaginosas de Brassica mais comummente cultivadas são a colza (*Brassica campestris* L. e *B. napus* L.) e a mostarda (*B. juncea* (L.) Czern. & Coss. e *B. carinata* A.Br.). As outras espécies de Brassica, como a *B. nigra* (L.) Koch e *a B. tournefortii* Gouan, são cultivadas em muito pequena escala.

1.6 RELAÇÕES ENTRE AS ESPÉCIES DE BRÁSSICAS

O triângulo em U é uma teoria sobre as relações entre as espécies de Brassica. Esta teoria fala de três espécies originais *de Brassica* e de três espécies modernas de legumes e sementes oleaginosas (Janick, 2009). A teoria foi publicada pela primeira vez em 1935 por Woo Jang-choon, um botânico coreano-japonês.

No topo do triângulo estão as espécies com menos cromossomas*:* *B. nigra* (N=8), *B. oleracea* (N=9) e *B. rapa* (N=10). Estas espécies são diplóides, ou seja, têm dois conjuntos de cromossomas. N é o número de cromossomas encontrados no pólen ou no óvulo, ou seja, metade do número encontrado na planta adulta.

Em algum momento no passado, as espécies diplóides cruzaram-se espontaneamente e deram origem às espécies alotetraplóides. Estas espécies têm quatro conjuntos de cromossomas, dois de cada espécie parental. Estas incluem a *B. carinata* (N=17), *a B. juncea* (N=18) e *a B. napus* (N=19).

Existem duas formas de desenvolvimento de alotetraploides férteis. Em um caso, gametas não reduzidos se juntam. (Os gâmetas não reduzidos são pólen ou óvulos que têm o número total de cromossomas do progenitor e não apenas metade). No outro caso, ocorre uma fertilização normal, seguida de uma duplicação dos cromossomas na planta híbrida.

Uma vez que as espécies de Brassica alotetraplóides partilham um genoma comum com os seus progenitores diplóides, o fluxo de genes pode continuar em ambas as direcções. De particular importância para o potencial de cruzamento entre Brassicas hortícolas e oleaginosas é o facto de *B. napus* ter tido origem no cruzamento de *B. rapa* com *B. oleracea* (Figura 1.1).

Embora raros, os alopoliploides ocorreram repetidamente na natureza e foram ressintetizados por geneticistas de plantas (Myers. 2006).

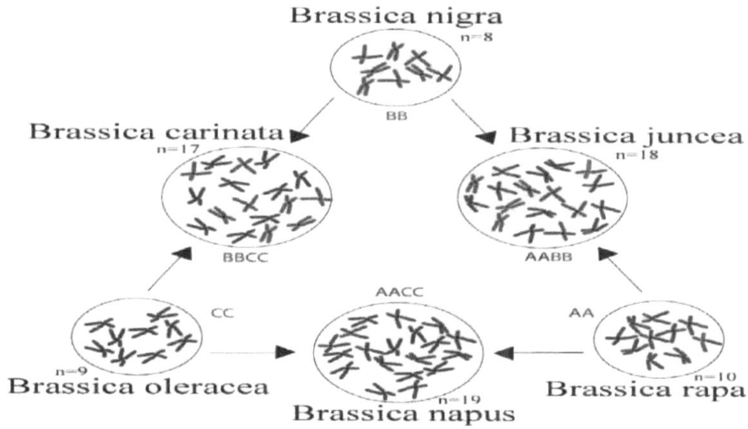

Figura 1.1 O "triângulo em U" mostra a relação entre as espécies de Brassica e a origem da *Brassica napus*. Fonte: U (Jang-choon. 1935)

1.7 CICLO DE VIDA (Sardi. 2009)

Todos os organismos vivos são capazes de crescer em diferentes fases do seu ciclo de vida. Em condições adequadas, isto pode significar uma mudança de tamanho, forma e/ou número. O conjunto destes três processos constitui uma parte importante do fenómeno da vida. Nos sistemas naturais, ajudam a distinguir o que é vivo do que não é vivo. (Hunt, 1990).

O crescimento e o desenvolvimento da planta de colza é um processo complexo. Muitas das fases de crescimento sobrepõem-se durante o ciclo de vida da planta.

O crescimento e o desenvolvimento são contínuos, mas podem ser divididos em fases facilmente reconhecíveis. A duração de cada uma das fases de crescimento é influenciada pela temperatura, humidade, luz (comprimento do dia), nutrição e variedade, sendo a temperatura e a humidade os factores ambientais mais importantes que controlam o crescimento e o desenvolvimento da colza.

1.7.1 Definição das fases de crescimento da colza, incluindo

Germinação e emergência (fase 0 [0,0-0,8])

A germinação ocorre depois de a semente ter absorvido a humidade, a raiz (radícula) divide o revestimento da semente e o rebento (hipocótilo) atravessa o solo e puxa os cotilédones para cima, libertando o revestimento da semente. Quando expostos à luz, os cotilédones dividem-se e tornam-se verdes.

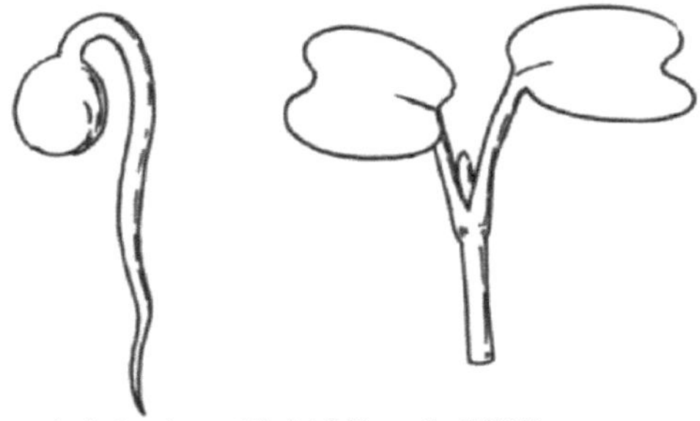

Figura 1. 2. Germinação e emergência da colza, estádio 0-0.8 (Fonte: Sardi.2009).

1.7.2 Produção de folhas (nível 1 [1.00-1.20])

Uma planta de colza bem desenvolvida produz normalmente 10-15 folhas. Cada folha é contada quando a maior parte da sua superfície está exposta à luz. As primeiras folhas podem cair da base do caule antes de a produção de folhas estar completa.

Figura 1. 3. Produção de folhas de colza, fase 1 (fonte: Sardi, 2009)

1.7.3 Extensão do caule (nível 2 [2.00-2.20])

As fases de alongamento do caule são definidas de acordo com o número de entrenós reconhecíveis (comprimento mínimo de 5-10 mm) presentes no caule. Em cada nó, uma folha está ligada ao caule. Cada entrenó é contado. Uma planta de colza bem desenvolvida desenvolve normalmente 15-20 entrenós.

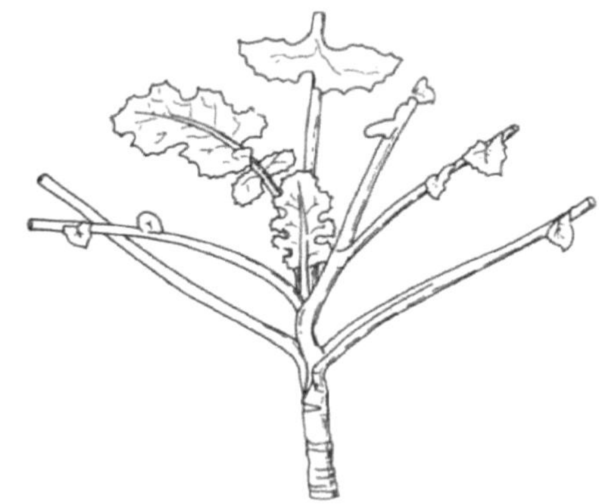

Figura 1.4 Extensão do caule, fase 2 (Fonte: Sardi, 2009)

1.7.4 Desenvolvimento do botão floral (fase 3 [3.0-3.9])

Os botões florais permanecem inicialmente fechados durante o crescimento inicial do caule e só podem ser vistos puxando as folhas jovens para trás. medida que o caule cresce, os botões são claramente visíveis de cima, mas ainda não estão livres de folhas; é a chamada fase do botão verde. À medida que o caule cresce, os botões libertam-se das folhas e as hastes florais mais baixas alongam-se, de modo que os botões adquirem uma forma achatada. Os botões inferiores são os primeiros a ficar amarelos, indicando a fase de botão amarelado.

Figura 1. 5. Desenvolvimento dos botões florais da colza, fase 3 (fonte: Sardi, 2009)

1.7.5 Floração (fase 4 [4.1-4.9])

A floração começa quando uma flor se abre no rebento principal e termina quando não restam botões viáveis que possam florescer.

Figura 1.6 Flor, fase 4 (Fonte: Sardi. 2009)

1.7. 6Desenvolvimento de pães (nível 5 [5.1-5.9])

A formação das vagens começa no terço inferior dos ramos do rebento principal e é determinada pela proporção de vagens potenciais que cresceram mais de 2 cm de comprimento.

Figura 1.7. desenvolvimento de cápsulas, fase 5 (fonte: Sardi, 2009)

1.7. 7Desenvolvimento das sementes (fase 6 [6.1-6.9])

As sementes também se desenvolvem no terço inferior dos ramos do caule principal. As fases são avaliadas pela cor das sementes da seguinte forma:

6.1. Sementes disponíveis
6.2. A maior parte das sementes são translúcidas, mas de tamanho normal
6.3. A maioria das sementes é verde
6.4. A maioria das sementes é salpicada de verde/castanho
6.5. A maioria das sementes é castanha
6.6. A maioria das sementes é castanha escura
6.7. A maioria das sementes é preta, mas macia

6.8. A maioria das sementes é preta, mas dura
6.9. Todas as sementes são pretas e duras

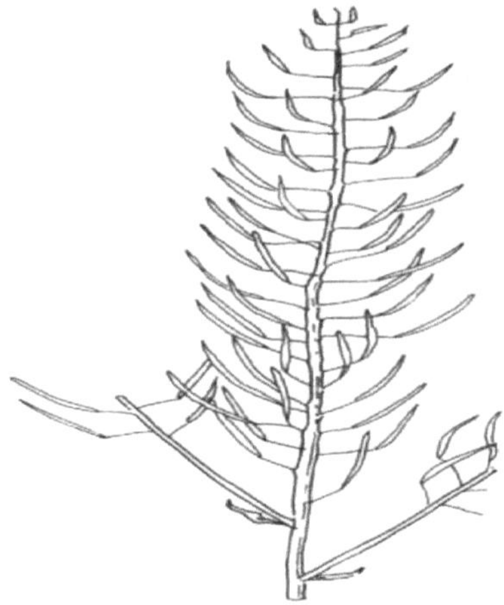

Figura 1.8: Cápsulas de sementes, fase 6 (Fonte: Sardi, 2009).

REFERÊNCIA:

Berry M P e J H Spink. 2006. a physiological analysis of oilseed rape yields, past and future (Review). J Agric. Sci. Camb. 199: 381-392.

Hunt R. 1990: BASIC GROWTH ANALYSIS (Análise Básica do Crescimento). Unwin Hyman Ltd. 118 páginas.

Janick J. 2009, Plant Breeding Reviews. Vol. 31. Wiley.420 Página.

Myers J. R. 2006. Potencial de cruzamento de espécies de brássicas e implicações para as culturas de sementes de crucíferas vegetais no cultivo de brássicas oleaginosas no vale de Willamette. Relatório Especial 1064 do Serviço de Extensão da Universidade do Estado do Oregon.

Rakow G. 2004. Origem das espécies e importância económica de Brassica. In: Pua E C e Douglas C J (eds.): Biotechnology in Agriculture and Forestry, Vol. 54 Brassica. Springer

Press, PP 3-11.

Sardi T. P. 2009: The oilseed rape plant and how it grows. Em: D.Mc Caffery (eds): Canola best practice management guide for south-eastern Australia. Grains Research and Development Corporation

Shahidi F.1990. Rapeseed and canola: Worldwide production and distribution. In: Shahidi F(eds): CANOLA AND RAPESEED Production, Chemistry, Nutrition and Processing Technology. Springer Press.

Tahir M C ., D **Zelmer** e PE **McVetty**. 2012. Oilseed Rrassica.
In:C.Kole,C.P.Joshi,D.R.Shonnard (eds): Handbook of bioenergy crop plants. CRC Press.Taylor and Francis group.

CAPÍTULO 2

2.1 DIFERENÇAS FISIOLÓGICAS ENTRE CULTIVARES E ESPÉCIES

Existem variações fisiológicas dentro das variedades e espécies, pelo que as razões para estas diferenças devem ser encontradas no estudo das caraterísticas fisiológicas e morfológicas das plantas. Arvin (2009) verificou que as diferenças entre variedades devido a variações no estádio fonológico de desenvolvimento, diferentes índices fisiológicos como TDM, CGR, RGR, NAR, variações na eficiência do uso da radiação (RUE) e distribuição da matéria seca, diferenças na altura da planta, clorofila e densidade estomática causam diferentes produções de rendimento final.

Al-Barzinjy *et al.* (2003) concluíram que as diferenças entre as variedades estavam relacionadas com a produção total de matéria seca. O estudo do crescimento e rendimento de algumas variedades de colza e mostarda revelou que as diferenças no rendimento se deviam a diferenças na eficiência fisiológica. As diferenças entre as variedades na produção total de matéria seca foram atribuídas a diferenças na área foliar. As perdas em vagens e flores devem-se à restrição de assimilados em resultado do sombreamento pela copa das flores. Os autores sublinharam que, a menos que a eficiência fotossintética da planta possa ser melhorada, quer através do melhoramento genético, quer através da manipulação do crescimento da planta, é pouco provável que se possam esperar aumentos significativos no rendimento da colza.

Kasa e Kondra (1986) referiram que os genótipos de maturação tardia de *B. napus* L. tinham taxas de emergência foliar mais elevadas do que os genótipos de maturação mais precoce durante todas as estações de crescimento, mas atingiam a primeira folha dos ramos axilares, a primeira flor, a primeira folha verdadeira e o fim das folhas verdadeiras mais tarde. É evidente que o "número de dias até à primeira floração" é um fator importante na determinação do tempo até à maturidade nas espécies de colza anual. Os genótipos de maturação precoce de *B. napus* L. apresentaram rácios médios de área foliar mais elevados desde a sementeira até à primeira floração, maior duração das áreas foliares nos ramos axilares e taxas médias de crescimento relativo em todas as estações de crescimento. Os genótipos de maturação mais tardia apresentaram um rácio médio de área foliar mais elevado desde a sementeira até à primeira floração, um peso seco mais elevado na primeira floração e 15 dias após a primeira floração, uma taxa de crescimento média mais elevada em todas as estações de crescimento e um índice de área foliar mais elevado na primeira floração e 15 dias após a primeira floração. A maior área foliar dos ramos axilares nos genótipos de maturação precoce de *B. napus* L. é vantajosa, uma vez que coincide com o enchimento das sementes.

Ao selecionar genótipos de maturação mais precoce e de maior rendimento, os programas de melhoramento existentes obtêm genótipos com uma área foliar cada vez maior nos ramos axilares. Isto é vantajoso porque coincide com o enchimento das sementes e as folhas dos ramos axilares

que estão localizados na vizinhança imediata das sementes. Também é evidente que os genótipos de maturação precoce são mais eficientes por unidade de área na produção de novo

material vegetal, como mostram os RGRs mais elevados (Kasa e Kondra, 1986).
A utilidade da taxa média de crescimento relativo como ferramenta de seleção em programas de melhoramento deve ser mais investigada. Dada a maior eficiência de crescimento dos genótipos de maturação mais precoce, estes poderiam ser mais produtivos com taxas de sementeira mais elevadas do que os genótipos que não são tão eficientes.

2.2 EFICIÊNCIA DA UTILIZAÇÃO DA RADIAÇÃO

A quantidade total de matéria seca acima do solo produzida por uma planta num ambiente sem stress está diretamente relacionada com a quantidade de radiação fotossinteticamente ativa interceptada (IPAR). A relação entre a IPAR e a matéria seca produzida por uma planta é linear. O declive desta relação representa a eficiência da conversão da energia solar em matéria seca, ou seja, a eficiência de utilização da radiação (RUE) da copa de uma planta. A RUE é um parâmetro muito utilizado nos modelos de simulação de culturas. O LAI de um dossel de cultura é a quantidade de área foliar produzida por unidade de área (Morrison e Stewart, 1995).
Mendham *et al* (1981) indicaram que a RUE para a colza de inverno é de 1,2 g MJ, assumindo que 45% da radiação solar total é PAR. O valor RUE para a colza de primavera cultivada na Austrália é de 1,5 g MJ de radiação solar. Estes valores foram determinados antes da floração e, por conseguinte, não têm em conta a capacidade fotossintética das vagens. Pode ser possível utilizar um valor RUE para toda a vida da planta (Morrison e Stewart, 1995).

2.2.1 LOTES E SUPERFÍCIE DA FOLHA, DA HASTE E DO NÚCLEO (Berry e Spink. 2006)

Durante a floração, as plantas com um número ótimo de vagens têm cerca de 2,5 unidades de área foliar e 1,5 unidades de área de caule. A eficiência da radiação por unidade de área de material foliar é três vezes mais elevada do que a do tecido do caule. Se a área foliar puder ser aumentada para 3 unidades através do aumento e encurtamento das folhas e a área do caule puder ser reduzida para 1 unidade através do encurtamento das folhas, a eficiência total de radiação das coroas de folhas e caules aumentaria em cerca de 12%. A baixa eficiência da radiação nos caules e nas vagens está associada à baixa densidade de estomas nestes tecidos

Durante a floração e a formação de sementes, a área foliar diminui e a área das vagens aumenta, de modo que o GAI total praticamente não se altera. Em dosséis menos densos no início do enchimento das sementes, as folhas podem constituir 0,30 da área verde total e permanecer no lugar

durante a maior parte do período de enchimento das sementes. A área verde dos caules e das vagens muda pouco durante o enchimento das sementes. Parece razoável assumir que o GAI de um dossel ótimo é de quatro unidades no início do enchimento de sementes e que a área foliar diminui linearmente de 0,30 para zero no final do enchimento de sementes. As áreas do caule e da vagem permanecem constantes em uma unidade e 1,8 unidades, respetivamente. Em média, durante todo o período de enchimento das sementes, as folhas representariam 0,18 da superfície verde total, os caules 0,29 e as vagens 0,53. Para comparação: antes da floração, a superfície foliar representa 0,75 e a superfície do caule 0,25 da superfície.

2.2.2 ENCHIMENTO DE RAÍZES, FLORES E SEMENTES (Berry e Spink. 2006)

A eficiência da utilização da radiação solar (RUE) durante o enchimento das sementes foi medida entre 0,4 g/MJ e 0,75 g/MJ. Os valores antes da floração estão dentro da gama de RUEs normalmente observados para plantas C3 em climas temperados. A URE é mais baixa durante o enchimento da semente por duas razões: em primeiro lugar, são necessários mais 45% de assimilados para produzir cada grama de semente rica em óleo em comparação com a biomassa pré-floração. Isto significa que as URE pós-antese são equivalentes às URE pré-antese de 0,58 a 1,09 g/MJ. Em segundo lugar, as vagens têm uma capacidade fotossintética estimada em 0,50 a 0,70 da das folhas.
A proporção de radiação incidente interceptada no início do enchimento da semente por uma planta com um GAI de 4 e um coeficiente de extinção de 0,6 é de 0,91. Espera-se que este valor caia para 0,81 no final do enchimento da semente devido ao envelhecimento do dossel foliar. No início do enchimento das sementes, as vagens atingiram o seu comprimento final, mas as vagens ainda acumulam alguma biomassa durante o enchimento das sementes. Estima-se que o crescimento da parede da vagem representa entre 0,05 e 0,25 da biomassa acumulada durante o enchimento da semente.

2.2.3 CAMADAS DE DIAMANTES E FLORES E DENSIDADE DAS COPAS DAS ÁRVORES

Parece haver uma relação entre as camadas do dossel e a eficiência da utilização da radiação. A radiação interceptada pelo tecido verde é fortemente reduzida pelo estrato floral, que absorve e reflecte a radiação.
A redução da quantidade de luz reflectida pelo estrato floral sem reduzir a área verde da planta pode ser conseguida através da redução da área das pétalas individuais. As linhas apétalas oferecem uma solução possível e demonstraram aumentar o rendimento na Austrália (Rao e Mendham, 1991).
Foi levantada a hipótese de que, ao mover a flor para a frente, a quantidade de luz reflectida pela camada de floração é reduzida (Berry e Spink. 2006), aumentando assim a área foliar.

Arvin (2009) referiu que o prolongamento do período de crescimento antes da floração ou da fase vegetativa reduz a produção final de sementes (Figura 2.1). Parece que o avanço da floração ou o prolongamento da fase reprodutiva leva à formação de ambos os componentes do rendimento e do rendimento final. A densidade óptima de vagens é muito importante para obter um rendimento final mais elevado. Uma densidade de vagens mais baixa pode não captar suficientemente a radiação solar incidente e uma densidade de vagens mais elevada para obter mais sombra pode não aumentar a eficiência da utilização da radiação. [22]O dossel das culturas com menos de 6000 vagens/m é demasiado pequeno para intercetar toda a radiação incidente, o que resulta num menor número de sementes/m . As perdas de vagens e sementes por vagem parecem ser maiores nas partes mais sombreadas e baixas da copa, especialmente em povoamentos densos (Berry e Spink. 2006).

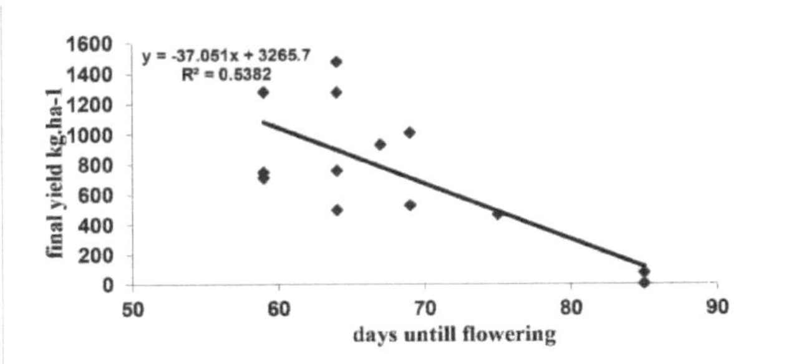

Figura 2.1: Relação entre dias para a floração e rendimento final

2.3Efeito da fotossíntese foliar na formação de sementes (Chango e McVetty. 2001)

A fotossíntese, um determinante importante da produção total de matéria seca de uma espécie vegetal, tem sido frequentemente associada ao rendimento de sementes das culturas, a fim de selecionar plantas com elevada fotossíntese líquida e, assim, melhorar o rendimento de sementes. Para obter um rendimento elevado de sementes, uma proporção significativa da produção total de matéria seca deve ser afetada à componente colhível.

As correlações entre o rendimento e a taxa fotossintética líquida das folhas são raras, apesar de a fotossíntese ser a fonte da produção total de matéria seca. Nas variedades de soja (*Glycine max* L.), os rendimentos elevados têm sido associados a taxas fotossintéticas foliares elevadas. A falta de correlação entre a fotossíntese e o rendimento é atribuída ao facto de as taxas de fotossíntese em folhas individuais terem sido medidas durante um curto período de tempo, o que não permite a

a fotossíntese sazonal das copas das árvores ou o sumidouro total e a capacidade fotossintética por unidade de área foliar.

As folhas da colza são uma importante fonte de fotossintatos, embora envelheçam rapidamente durante o desenvolvimento das vagens. As folhas formam o potencial de sumidouro em termos de estruturas como o número de vagens por planta ou o número de sementes por vagem e como fonte de fotossintatos translocados durante a sua senescência, mas eventualmente os caules e as vagens tornam-se fontes mais importantes de fotossintatos.

Uma vez que a fotossíntese durante a produção de assimilados depende em parte da água e da clorofila, esta relação pode ser importante para o rendimento das sementes. A relação entre a fotossíntese e a sua ligação a outras caraterísticas fisiológicas que afectam o rendimento pode ser importante para a melhoria do rendimento da colza.

2.4 EFEITO DA VERNALIZAÇÃO NA FORMAÇÃO DAS SEMENTES

As variedades de colza diferem na sua necessidade de baixas temperaturas para induzir a floração (vernalização). Algumas são semeadas no outono e cultivadas como culturas de inverno que necessitam de vernalização para florescer no verão seguinte, enquanto outras são cultivadas como culturas de primavera e respondem pouco ou nada à vernalização. As variedades de inverno são geralmente mais produtivas do que as variedades de primavera, mas só podem ser cultivadas de forma rentável em zonas onde sobrevivem regularmente ao inverno (Butruille *et al.* 1999).

Ghanizade (2009) verificou que a variedade Zarfam produziu o rendimento mais elevado entre as outras variedades quando semeada no outono, mas Arvin (2009) referiu que a Zarfam produziu o rendimento mais baixo em comparação com outras variedades quando plantada como semente de primavera, pelo que se concluiu que a Zarfam tem geralmente o melhor potencial para produzir mais rendimento quando semeada no outono e que o fornecimento de unidades de frio como a vernalização leva à formação de mais rendimento.

2.5 EFEITO DA ARMAZENAGEM NA FORMAÇÃO DAS SEMENTES

Foi demonstrado que o acamamento reduz o rendimento em 16 a 50 % (Armstrong e Nichol, 1991). O acamamento comprime o dossel da colza e força o tecido fotossintético para uma posição horizontal. Este facto reduz a eficiência com que a planta pode utilizar a luz disponível, uma vez que as vagens superiores são facilmente saturadas de luz devido à sua modesta capacidade fotossintética e as vagens inferiores recebem pouca luz. Na colza, o acamamento pode ocorrer se a ancoragem falhar ou se o caule se dobrar/quebrar (Goodman *et al.* 2001). O risco de formação de vagens pode ser efetivamente reduzido

com plantas mais curtas, caules mais rígidos e raízes axiais mais rígidas e longas (Goodman *et al.* 2001). Os criadores poderiam utilizar os semi-anões para reduzir o risco de acamamento.

2.6 Evolução da superfície cultivada e do rendimento (Berry e Spink, 2006)

A superfície mundial cultivada com colza passou de pouco mais de 7 milhões de hectares em 1965 para quase 27 milhões de hectares em 2005 (quadro 2.1). Este aumento corresponde a uma duplicação da área cultivada em cada 20 anos. Em 2005, a China (0,27) detinha a maior parte da superfície mundial de cultivo de colza, seguida da Índia (0,25), do Canadá (0,19), da Europa (0,16) e da Austrália (0,04). Desde 1995, a área cultivada na Austrália e na Europa foi a que registou o maior aumento proporcional. Em 2000, a colza forneceu 0,16% do óleo vegetal utilizado para consumo humano e animal e para fins industriais (www. usda.gov). O óleo de colza foi a terceira fonte mais importante de óleo vegetal, depois da soja (0,31) e do óleo de palma (0,28). A colza também fornece cerca de 0,12% da oferta global de farinha proteica, e os rendimentos variam muito em todo o mundo. Desde 2000, os rendimentos médios têm sido de 3 toneladas/ha ou mais no Reino Unido, Alemanha e França, 2,4 toneladas/ha na Polónia e entre

1,6 e 1,0 toneladas/ha na China, Canadá, Austrália e Índia. O rendimento médio mundial da colza aumentou de cerca de 0,6 toneladas/ha no início da década de 1960 para 1,6 toneladas/ha na década de 2000. O aumento médio anual do rendimento foi de 26 kg/ha. Esta taxa de aumento tem sido relativamente constante desde os anos 60 e não há sinais de abrandamento. Registaram-se aumentos de rendimento igualmente consistentes em alguns países, como a China, onde o aumento médio anual foi de 30 kg/ha, a Índia (15 kg/ha), o Canadá (14 kg/ha) e a Alemanha (39 kg/ha). Em França, na Austrália, no Reino Unido e na Polónia, os aumentos de rendimento parecem ter diminuído ou estagnado: Nestes países, o aumento médio anual do rendimento até 1985 situou-se entre 28 e 65 kg/ha. É, pois, evidente que os rendimentos agrícolas deixaram de aumentar em vários países. Isto pode dever-se ao facto de o potencial de rendimento para o ambiente ter sido atingido nesses países, impossibilitando novos aumentos de rendimento. No entanto, também pode acontecer que o potencial de rendimento seja maior mas não esteja a ser utilizado devido à falta de progresso genético.

Quadro 2.1 Superfície cultivada com colza: 1000 ha (Fonte: Berry e Spink. 2006)

	1965	1975	1985	1995	2005
World	7065	9911	14 756	23 816	26 951
China	1842	2314	4494	6907	7220
India	2910	3680	3987	6060	6800
Canada	581	1829	2783	5273	5154
Germany	165	222	410	974	1345
France	173	282	474	864	1211
Australia	0	16	74	377	1080
UK	1	39	296	439	603
Poland	274	309	467	606	544

2.7 RENDIMENTO POTENCIAL

O potencial de rendimento de uma planta é uma avaliação teórica do rendimento máximo que pode ser alcançado quando um material biológico de alto rendimento é cultivado num ambiente físico-químico ótimo.

Berry e Spink (2006) explicaram que o rendimento é definido como o peso das sementes com um teor de humidade de 90 g/kg. Também dividiram o rendimento em duas partes principais: ^{2}Número de sementes/m e peso de sementes individuais.

Número de 1 semente/m^{2}

^{2}O número de sementes/m determina o tamanho do pântano. ^{2}Esta caraterística foi frequentemente comprovada, o número de sementes/m é o componente de rendimento mais importante.

A capacidade do lava-loiça ou a dimensão do lava-loiça pode ser aumentada de várias formas, como se descreve a seguir: (Habekotte. 1997)

A- Ramos secundários improdutivos

A disponibilidade de assimilados durante a floração é crucial para a fixação das sementes. Este facto sugere que o aumento da disponibilidade de assimilados durante a floração pode, em última análise, conduzir a uma maior produção de sementes, desde que estejam disponíveis assimilados suficientes durante o enchimento das sementes para utilizar a maior capacidade de sumidouro. Uma forma de aumentar a disponibilidade de assimilados poderia consistir em reduzir o crescimento de ramos laterais improdutivos durante a floração, aumentando ao mesmo tempo a capacidade de sumidouro das vagens e sementes em desenvolvimento nas primeiras fases de desenvolvimento.

8- Pétalas mais pequenas ou pelo desenvolvimento de pétalas apetecíveis

Em alternativa, a luz disponível para a produção de assimilados pode ser aumentada através da criação de variedades com pétalas mais pequenas ou do desenvolvimento de linhas apetecíveis.

C- Prolongamento do período de floração

O prolongamento do período de floração poderia aumentar a dimensão dos sumidouros, mas conduziria a uma maior idade das vagens na maturidade, o que causaria problemas na colheita.

D- Outras formas de aumentar a capacidade do sumidouro

Outras formas de aumentar o peso final da semente incluem o aumento das taxas potenciais de crescimento da semente, o prolongamento do período de enchimento da semente e a melhoria da utilização dos assimilados pré-floração, aumentando a acumulação de reservas pré-floração e melhorando a eficiência da translocação durante o enchimento da semente. Um modelo de simulação seria útil, pois permitiria uma avaliação quantitativa da influência de diferentes factores ecofisiológicos e caraterísticas das plantas no rendimento das sementes.

2- Peso das sementes individuais

O aumento do peso da semente é outra estrutura do rendimento da semente. Espera-se que as plantas com maior peso de sementes produzam um maior rendimento final de sementes (Arvin, 2009).

A caraterística peso da semente varia menos do que a densidade da vagem e o número de sementes por vagem. A taxa de crescimento da semente parece ser determinada pela disponibilidade de assimilados durante o enchimento da semente e o número de sementes concorrentes ou pela taxa máxima de crescimento da semente (Mendham *et al.* 1981).

A remobilização é outro fator importante que desempenha um papel importante no enchimento e no peso das sementes. A remobilização dos hidratos de carbono de reserva acumulados nas raízes, caules, folhas e vagens durante as primeiras fases de crescimento pode contribuir para o enchimento das sementes. Foi relatado que, em condições de campo, no máximo 17,5 % da formação do rendimento final é devido à remobilização (Mendham *et al.* 1981; Habekott.1997).

2.8 ESTRUTURA DOS RENDIMENTOS (Diepenbrock. 2000)

O rendimento por unidade de superfície é o produto da densidade da cultura, do número de vagens por planta, do número de sementes por vagem e do peso das sementes individuais. A

Fig. 2.2 mostra que também podem ser definidos componentes secundários de rendimento. O rendimento das sementes é, portanto, uma caraterística complexa que inclui vários componentes e que, em última análise, conduz a uma estrutura de rendimento muito plástica. Isto é ainda mais complicado pelo facto de os padrões de ramificação variarem muito. Uma visão geral da literatura

mostra que quanto mais caraterísticas de composição são tidas em conta, mais difícil é descrever a estrutura do rendimento. Além disso, a fiabilidade da análise de rendimento depende da forma como as caraterísticas de rendimento foram registadas ou selecionadas e se é considerada uma única planta ou toda a cultura.

2.8.1 DENSIDADE DAS PLANTAS

A densidade de plantas tem a maior influência no rendimento de sementes e nos componentes de rendimento de plantas individuais. As variações na taxa de sementeira e na emergência das plântulas controlam os padrões de distribuição das plantas por unidade de área e, assim, determinam os limites da competição intra-específica dentro do dossel. A imprecisão das máquinas de sementeira, bem como os efeitos abióticos e bióticos, conduzem a uma distribuição irregular das plantas na copa. Com base em três conjuntos de dados relativos a sementes semeadas, foram medidas quantitativamente diferentes precisões da distribuição longitudinal dentro das linhas, utilizando o coeficiente de variação da distância entre plantas dentro das linhas. O rendimento diminuiu com o aumento da variabilidade do espaçamento entre plantas dentro da linha.

A competição reduz a densidade das plantas à medida que estas crescem. No final da estação de crescimento, as plantas com casca são, portanto, apenas uma proporção das plantas que se encontravam na mesma área aquando da emergência. Os resultados mostram que, quando as plantas estão distribuídas uniformemente, há menos perdas devido ao stress ambiental. Por conseguinte, o rendimento é mais estável quando as plantas estão distribuídas de forma homogénea.

Pouco se sabe sobre a resposta genética à sementeira densa ou sobre a seleção de variedades adaptadas a densidades elevadas (Leon e Becker, 1995). A variação genotípica entre grupos de linhas e híbridos em resposta ao aumento da densidade de plantas parece ser baixa; no entanto, a resposta das linhas e híbridos foi variável.

Os modelos para criar a cultura ideal (= ideótipo) subestimam frequentemente a importância da densidade das plantas ou não têm em conta a concorrência, embora esta tenha uma forte influência na morfologia e, por conseguinte, nas componentes do rendimento. Por exemplo, a competição entre genótipos numa população geneticamente heterogénea pode aumentar o rendimento. Ao desenvolver misturas de genótipos (ou variedades) de colza, as misturas podem atingir um rendimento mais elevado do que a sua média. É óbvio que a competição entre genótipos de colza é forte, mas há pouca investigação fisiológica ou genética sobre este tema (Diepenbrock, 2000).

2.8.2 NÚMERO DE VAGENS POR PLANTA

A produção de sementes de cada planta está estreitamente relacionada com o número de vagens por planta. Durante o desenvolvimento, esta caraterística é, em última análise, determinada pela redução do número de ramos, gomos, flores e vagens jovens devido à capacidade de inchamento, ao fornecimento de nutrientes e água e a factores hormonais, e não pelo número potencial de flores e vagens. As plantas individuais podem ter pelo menos 20±25 ramos primários, muitos dos quais não formam vagens devido à competição entre plantas. [2]Com nove plantas por m (competição muito fraca ou inexistente), apenas 43% dos ramos potenciais eram férteis (Diepenbrock. 2000).

Factores externos, como a disposição da cultura, a data de sementeira e a fertilização com N, desempenham também um papel decisivo no controlo do número de vagens. Foi repetidamente demonstrado que o número de vagens por planta se correlaciona negativamente com o número de plantas por unidade de superfície. Uma vez que o número de ramos está diretamente relacionado com a geometria do povoamento, um aumento da densidade de plantas de 9 para 50 plantas (normal) por metro quadrado resultou numa diminuição drástica do número de ramos férteis para 28% do número potencial de ramos férteis. Além disso, o aumento da competição não só reduz a ramificação mas também o número de vagens em todos os ramos. O racemo terminal é o menos afetado, o que sugere que a sua contribuição relativa para o número total de vagens por planta ou área aumenta à medida que a densidade do povoamento aumenta.

O atraso da sementeira reduz geralmente o número de vagens. Tal como acontece com o aumento da competição, os ramos inferiores são particularmente afectados pelo atraso da sementeira. As limitações fisiológicas da formação de vagens estão relacionadas com o fraco crescimento da planta e a limitada expansão das folhas, que restringem a fase mais sensível da formação da inflorescência. O N geralmente estimula o crescimento das plantas, aumentando a expansão da copa e das folhas, resultando em mais vagens. Diferenças varietais no padrão de distribuição Foram observadas diferenças varietais no padrão de distribuição das vagens quando as plantas estavam distribuídas uniformemente, mas a hereditariedade do número de vagens por planta é baixa, uma vez que esta caraterística depende principalmente das condições ambientais; por conseguinte, a seleção para um número elevado de vagens por planta não apresenta qualquer resposta de seleção.

2.8.3 PESO DAS SEMENTES POR PERÍODO (Diepenbrock. 2000)

O peso das sementes de uma vagem é o produto do número de sementes por vagem e do peso médio das sementes individuais.

As vagens contêm entre 30 e um máximo de 40 sementes. Os agricultores referem uma média de 15±20 sementes por vagem aquando da colheita.

A vagem não fecundada apresenta uma distribuição homogénea dos óvulos ao longo da placenta. No período subsequente à antese, verifica-se uma variação notável na distribuição e no número de sementes em falta, dependendo da variedade, da cultura e dos factores ambientais.

Em particular, o número de sementes continuou a diminuir duas a três semanas após a floração, quando o aborto de sementes quase cessou. Não se sabe muito sobre os factores que controlam o aborto de sementes. A limitação da fonte causada pelo intervalo entre a fotossíntese da folha e da vagem pode ser crucial para a perda de sementes em desenvolvimento, como explicado anteriormente.

Tal como o número de vagens, o número de sementes por vagem também varia ao longo do racemo terminal e dos ramos principais. O padrão de distribuição mostra que o número de sementes por vagem diminui do racemo terminal para os ramos inferiores. Do mesmo modo, as vagens basais do racemo principal têm um maior número de sementes do que as vagens da parte apical da planta, que se desenvolve mais tarde. Estas diferenças podem ser atribuídas, em grande parte, a um menor número de sementes e não ao número de sementes abortadas. Regra geral, existe uma correlação negativa entre a densidade de plantas e o número de sementes por vagem. Quando a densidade de plantas é elevada, o número de sementes por vagem varia principalmente nos ramos inferiores, mantendo-se quase estável no racemo principal. A sementeira tardia no outono conduz frequentemente a um número mais elevado de sementes por vagem, o que pode ser devido à compensação do menor número de vagens associado à sementeira tardia.

Em certas condições, a maior eficiência da cobertura de vagens e folhas conduz a um maior rendimento total de sementes com a sementeira tardia, especialmente em regiões com Invernos amenos. Em contrapartida, a cultura de inverno tipicamente semeada cedo na Europa Central produz um elevado rendimento de biomassa e, por conseguinte, um grande número de vagens, que tendem a ser ineficientes, uma vez que muitas vagens e sementes são abortadas. Para o melhoramento, a correlação entre o comprimento da vagem e o número de sementes por vagem é muito importante; o comprimento da vagem pode ser facilmente determinado e pode servir como caraterística para a seleção indireta, e o peso das sementes individuais é o componente final do rendimento obtido durante o desenvolvimento. O peso das sementes é menos dependente das condições ambientais do que outros componentes do rendimento. Dependendo do comportamento da floração, o início do crescimento das sementes das vagens nos diferentes ramos é muito diferente, ou seja, o crescimento das sementes em toda a planta depende do início das vagens. As sementes situadas nas posições mais baixas da planta tendem a ser mais pequenas do que as situadas noutras posições.

O peso das sementes e as vagens por planta estão negativamente correlacionados, e uma relação negativa foi também frequentemente observada entre o peso das sementes e as sementes por vagem.

Em geral, existe uma fraca correlação entre o peso individual das sementes e o rendimento. Embora exista variação genética no peso das sementes, a seleção para um peso elevado das sementes teria um efeito negativo noutros componentes do rendimento.

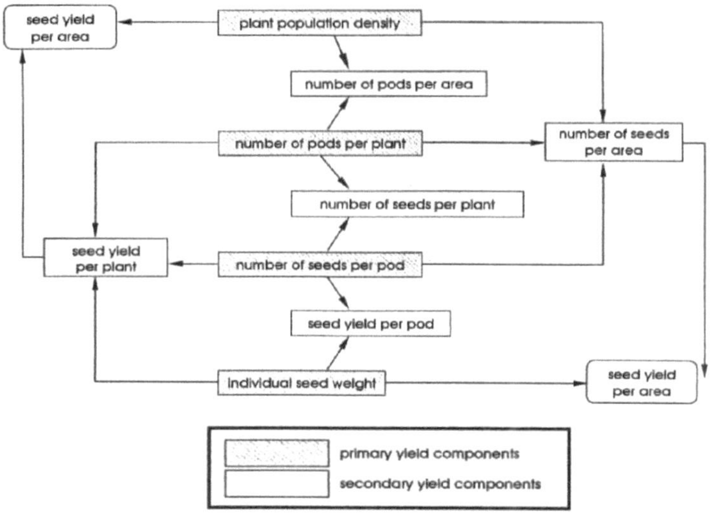

Fig.2. 2 Estrutura de rendimento da colza (Fonte: Diepenbrock e Grosse. 1995)

2.9 FORMAS DE AUMENTAR O RENDIMENTO DAS SEMENTES

Para aumentar o rendimento final da colza, existem várias opções com as quais estes factores podem contribuir para aumentar o rendimento. Algumas dessas opções são enumeradas a seguir (Habekotte. 1997):

(1) Desenvolvimento acelerado da área foliar antes da plena floração para maximizar a absorção de luz durante o crescimento reprodutivo, aumentando a distribuição de assimilados para as folhas. O tipo de planta mais promissor para uma elevada produção de sementes poderia ser um LAI máximo de cerca de 3 para alcançar uma absorção de luz quase máxima e ter vagens verticais e agrupadas para melhorar as fontes.

(2) Atraso no início da floração para manter uma área foliar suficiente na altura da floração para uma absorção máxima da luz durante o crescimento reprodutivo.

(3) Aumento da transmissão de luz através da camada de flores com pétalas pequenas ou flores apétalas. Isto é conseguido através da redução da área de superfície por flor.

(4) Atraso na maturação para otimizar a utilização da luz disponível durante o período de crescimento.

(5) Taxas de fotossíntese mais elevadas na copa em combinação com uma melhor distribuição da luz na copa causada por vagens mais erectas e uma disposição alterada das vagens.

(6) Aumento do pegamento de sementes para uma dada produção de assimilados durante o período crítico de pegamento de sementes, por exemplo, devido à redução da ramificação. Isto foi implementado no modelo através do aumento da resposta do desenvolvimento da semente ao crescimento da planta durante o período crítico do desenvolvimento da semente.

(7) Maior taxa de crescimento potencial diário das sementes e maior taxa de crescimento potencial das sementes individuais.

(8) Prolongamento do tempo de enchimento das sementes.

Referência:

Al Barizinjr, M., O. Stolen e J.L. Christiansen. 2003. Comparação do crescimento e da estrutura da copa de antigas e novas cultivares de colza (*Brassica napus L.*). Soil and Plant. Sci. 53: 138 - 146.

Armstrong, E.L. e H.I. Nicol .1991. Redução do crescimento em altura e do acamamento da colza por reguladores de crescimento. Australian Journal of Experimental Agriculture. 31: 245-250.

Arvin P. 2009: Estudo sobre a base fisiológica e morfológica das diferenças de rendimento entre variedades primaveris de colza. Tese de mestrado. Universidade Islâmica Azad, secção de Bojnourd, Irão (em persa).

Berry, M. P. e J. H. Spink. 2006. a physiological analysis of oilseed rape yields, past and future (Review). J. Agric. Sci. Camb. 199: 381-392.

Butruille, D. V., R. P. Gruies, e T. C. Osborn. 1999. Aumento do rendimento de híbridos de canola de primavera por germoplasma de inverno. Crop Sci. 39: 1491-1496.

Chango, G. e P. B. E. McVetty. 2001. Relação entre caraterísticas fisiológicas e parâmetros de rendimento em colza (*Brassica napus* L.). Can. J. Plant Sci. 81: 1-6.

Diepenbrock, W. 2000. Componentes do rendimento da colza de inverno (*Brassica napus* L.): A review. Field crops Res. 67: 35-49.

Ghanizadeh, Sh. 2009. Estudo sobre a resposta de variedades de colza de primavera com resistência ao frio à sementeira de outono. Tese de mestrado. Universidade Islâmica Azad, secção de Mashhad, Irão (em persa).

Goodman, A. M., M.J. Crook, e A.R. Ennos . 2001. Mecânica de ancoragem do sistema de raízes principais da colza semeada no inverno (*Brassica napus* L.). Annals of Botany. 87: 397-404.

Habekotte, B. 1997. Identificação de componentes fortes e fracos determinantes do rendimento da colza de inverno em comparação com o trigo de inverno. Euro. J. Agron. 7: 315-321.

Kasa, G. R., e Z. P. Kondra. 1986. análise de crescimento da colza de primavera. Field Crops. Res. 14: 361-370.

Morrison, J.M., e D.W. Stewart. 1995. Eficiência da utilização da radiação na colza de primavera. Agron. J. 87: 1139-1142.

Rao, M. S. S., e N.J. Mendham. 1991. Comparação de chinoli (*B. compestris* sub Sp. Olieferax sub Sp. chinesis) e *B. napus* utilizando diferentes reguladores de crescimento, densidades populacionais de plantas e tratamentos de irrigação. J. Agric. Sci. Camb. 117: 177-187.

CAPÍTULO 3

3.1 Avaliação de algumas caraterísticas morfológicas da colza de primavera*

Pooya Arvin, Mehdi Azizi, Shahrzad Ghanizadeh, Reza Abazariyan

Resumo

A densidade estomática de 13 variedades primaveris de colza pertencentes a *Brassica napus*, *Brassica rapa* e *Brassica juncea* foi analisada neste estudo. O exame das caraterísticas morfológicas, incluindo o teor de clorofila e a densidade estomática, mostrou que havia diferenças significativas entre as variedades. O teor de clorofila aumentou com o aumento da distância da amostragem devido ao desenvolvimento das folhas. A tendência para aumentar os estomas foi observada na maioria das variedades, desde antes até depois da floração. Obviamente, os híbridos Hayolla foram relativamente superiores às outras cultivares em termos de estomas de cultura. Os resultados das análises vasculares mostraram que os representantes de *B. napus* tinham uma maior densidade de feixes vasculares e um maior diâmetro de xilema e floema do que outras espécies. $^{-1-1}$As variedades de *B. napus* (855,44 kg.ha) tiveram um rendimento médio mais elevado do que as variedades de *B. rapa* (799 kg.ha).

Palavras-chave: brássicas, estomas, vaso, HI, clorofila, rendimento

Introdução

Todas as zonas verdes das plantas têm estomas, mas a sua frequência varia consoante a espécie e o órgão da planta (Major 1975). Parece que a superfície superior da folha de *B.napus* e *B.rapa* tem a maior frequência de estomas, mas a superfície inferior de *B.rapa* tem a menor densidade de estomas (McVetty *et al.* 1989). As folhas C4 têm uma taxa de troca de CO2 mais elevada, uma maior área de secção transversal do floema e uma maior taxa de transferência de fotoassimilados do que as folhas C3. O comprimento do xilema está frequentemente correlacionado com o diâmetro dos feixes vasculares. Existem *

[st]APRESENTADO EM: O 1 Seminário de Agronomia da Ciência, 17-18 de fevereiro de 2010, Islamic Azad Universidade, secção de Ghaemshahr, Irão (em persa)

forte correlação com a área da secção transversal do floema e a área foliar suportada por esta área do floema (Koocheki *et al.* 2003).

Chango e McVetty (2001) analisaram o teor de clorofila em diferentes camadas do dossel. Verificaram que o teor de clorofila nas camadas inferiores era baixo devido ao sombreamento das camadas superiores da copa, pelo que a clorose das folhas nas camadas inferiores era a razão do sombreamento. Não houve diferença significativa no teor de clorofila entre as variedades de *B.napus*, de modo que o teor de clorofila mais baixo foi encontrado na fase vegetativa e o mais alto no início da formação das vagens. Verificou-se uma correlação positiva entre a fotossíntese líquida e o teor de clorofila (Chango e McVetty, 2001).

Nas variedades de colza de elevado rendimento, a maior parte do material produzido é constituída pelos órgãos económicos (Daie. 1985). O valor de rendimento da Brassica é baixo em comparação com o dos cereais. Aproximadamente, a média de rendimento da colza situa-se entre 25-30%, pelo que são necessários mais programas de melhoramento para aumentar a média de rendimento (Diepenbrock, 2000). É evidente que se pode conseguir um aumento do rendimento das sementes através de métodos agronómicos e de melhoramento (Habekotte, 1993).

Material e métodos

A experiência foi conduzida durante a estação de crescimento de 2007 na Estação de Investigação Agrícola e de Recursos Naturais em Torogh, Mashhad, no norte oriental do Irão (36° N, 59° E, 1003 m de altitude e 286 mm de precipitação anual). A textura do solo era franco-siltosa.

O projeto experimental foi um ensaio em blocos completos aleatórios com 4 réplicas. Foram semeadas 13 variedades de colza em 20 de fevereiro de 2007. As variedades Hayolla 401, Hayolla 330, Option 500, Sarigol, RGS003, Zarfam, Echo e Swchotshot pertencem ao género *B. napus*. As variedades Hysun 110, Rinbow, Goldrush e Parkland pertencem ao género *B.* rapa e a variedade BP.18 pertence ao género *B.* juncea.

A fim de analisar a posição e a densidade dos estomas, a epiderme inferior da folha foi primeiro removida e foram dados os passos seguintes:

1- Mergulhar em hipoclorito de cálcio a 2% durante 5 minutos
2- Em seguida, adicionar azul de metilo durante 3 minutos
3- A densidade final de estomas foi contada ao microscópio (40X).

Zarfam (de *B. napus*), Hysun110 (de *B. rapa*) e BP18 (de *B. juncea*) foram selecionadas como amostras para analisar a densidade estomática e os feixes vasculares.

O exame dos feixes vasculares foi efectuado nos ramos moles antes da floração, por esta ordem:

1- Deixar de molho em lixívia durante 15 minutos
2- Lavar as amostras com água destilada
3- Mergulhar em ácido clorídrico durante 1 minuto
4- Lavar novamente as amostras com água destilada
5- Mergulhar em azul de metilo durante 3 minutos
6- Lavar novamente as amostras em água destilada
7- aluminizar em Carmen durante 15 min
8- Lavar novamente as amostras em água destilada
9- Por fim, utilização de um microscópio ótico de 40X para examinar os feixes vasculares

O teor de clorofila foi medido duas vezes antes da floração (58 dias após a plantação) e após a floração (78 dias após a plantação) com um medidor SPAD (Minolta - SPAD Unit 502).

A produção final de sementes e o índice de colheita (HI) foram determinados em cada parcela. Todos os dados foram analisados estatisticamente utilizando o pacote SAS 9.1 e os valores médios foram apresentados sob a forma do teste de intervalo múltiplo de Duncan.

Resultados e discussão

A densidade estomática das variedades foi medida duas vezes (antes e depois da floração). Os resultados mostraram que havia diferenças significativas entre as variedades em termos de densidade estomática. ^{222}Antes da floração, a Hayolla 330 tinha a maior densidade de estomas com 332 estomas em mm de folha e a Hayolla 401 tinha a menor com 118,9 estomas em mm de folha, mas após a floração, a GoldRush com 282,8 e a Hayolla 401 com 143,4 estomas em mm de folha tinham o maior e o menor número de estomas, respetivamente (Quadro 1).

Os resultados mostraram que houve diferenças no teor de clorofila nas duas fases de amostragem. Antes da floração, o Zarfam apresentou o maior teor desta caraterística com 45,1 SPAD e o BP18 o menor com 32,9 SPAD. Mesmo após a floração, o Zarfam apresentou o maior teor de clorofila com 59,58 SPAD e o Echo apresentou o menor com 36,9 SPAD (Tabela 1). Foi observada uma tendência de aumento do teor de clorofila da pré para a pós-floração, o que se deve ao desenvolvimento de tecido foliar e de folhas verdes. Chango e McVetty (2001) demonstraram que as condições de frio levam a um aumento do teor de clorofila e que o teor de clorofila aumenta com a idade da folha. A Zarfam é uma variedade de inverno e, neste estudo, foi semeada na primavera, o que levou a uma aceleração do crescimento vegetativo e a uma maior produção de folhas e clorofila. Em média, as *variedades de B. napus* apresentaram o maior teor de clorofila antes da floração e *as* variedades *de B.* rapa após a floração. *A B. juncea* apresentou a menor quantidade de clorofila em ambas as fases (Quadro 1). Pode argumentar-se que a principal razão para o elevado teor de clorofila da *B. rapa* após a floração se deve à implementação de etapas tardias de desenvolvimento nesta espécie. Parece que as cultivares *de B.* napus são superiores na formação de clorofila e

do rendimento final do que a *B. rapa* e *a B. juncea* (Berry e Spink. 2006; Habekotte. 1993).

Foram encontradas diferenças significativas entre as variedades em termos de vigor de colheita. Os resultados mostraram que RG003 com 33,35 %, Hayolla 330 com 32,4 % e Hayolla 401 com 31,13 % tiveram o maior índice de colheita e GoldRush com 0,5 % e Zarfam com 13,45 % tiveram o menor índice de colheita neste estudo (Tabela 1). A prioridade dos híbridos Hayolla na produção de um rendimento final mais elevado deveu-se ao índice de colheita mais elevado (Quadro 1). As variedades híbridas têm a capacidade de mostrar o potencial de rendimento (Diepenbrock, 2000). O Zarfam tem um potencial de rendimento mais elevado quando semeado no inverno (Ghanizade, 2009), pelo que, neste estudo, tanto a média da colheita como o rendimento final foram mais baixos porque foi semeado na primavera. Neste estudo, a média de rendimento das variedades *de B.* napus (23,14%) foi superior à das variedades *de B.* rapa (16,12%).

Também se registaram diferenças significativas entre os rendimentos finais. $^{-1-1-1-1-1}$Hayolla 330 com uma média de 1475 Kg.ha, BP.18 com uma média de 1277 Kg.ha e Hayolla 401 com uma média de 1274 Kg.ha tiveram o rendimento mais elevado e Goldrush com uma média de 46,12 Kg.ha e Zarfam com uma média de 75,89 Kg.ha tiveram o rendimento mais baixo (Quadro 1). Os resultados mostraram que havia diferenças consideráveis entre as variedades em termos de densidade estomática. Foi observada uma tendência crescente na densidade estomática na maioria das variedades. Por outro lado, na segunda fase da medição dos estomas, a densidade estomática aumentou na maioria das variedades. É discutível que a formação de um rendimento mais elevado na Hayolla 330 esteja relacionada com a maior densidade estomática. Após a floração, a GoldRush alcançou uma densidade estomática mais elevada, mas como a GoldRush é uma variedade de colza de inverno e este ensaio foi realizado como sementeira de primavera, a GoldRush não pôde ter um desempenho tão bom como na sementeira de inverno, resultando num rendimento inferior, embora a densidade estomática fosse mais elevada.

Os resultados mostram que a densidade dos estomas varia entre as folhas individuais ou entre as plantas individuais. Mesmo entre as folhas de uma planta não existe a mesma densidade de estomas (Willmer e Fricker, 1996), pelo que a interpretação da diversidade de estomas entre as variedades é difícil.

Hayolla 330 (de *B. napus*), Hysun 110 (de *B. rapa*) e BP18 (de *B. juncea*) foram selecionadas e fotografadas como representantes das espécies individuais. O tipo de estomas é anisocítico (células desiguais). Neste tipo, um estoma permanece rodeado por três células subsidiárias, uma das quais é mais pequena do que as outras (Figura 1).

Os resultados mostraram que (Quadro 2 e Figura 2) a densidade dos feixes vasculares, o diâmetro do xilema e do floema eram maiores na variedade Zarfam (representante da *B.napus*) do que nas outras variedades (pertencentes às espécies *B.rapa* e *B.juncea*). $^{-1-1}$Os valores médios do rendimento final foram também mais elevados para as *variedades de B. napus* (com uma média de 855,44 kg.ha) do que para as *variedades de B. rapa* (com uma média de 799 kg.ha). Um dos obstáculos ou limitações ao aumento da eficiência fotossintética e do rendimento das plantas é o volume dos feixes vasculares, que desempenham um papel fundamental na distribuição da seiva do floema através dos órgãos da planta.

Quadro 1: Comparação dos valores médios de algumas caraterísticas morfológicas e do rendimento final das variedades de colza de primavera

Yield $Kg.ha^{-1}$	HI %	Chlorophyll content 2	Chlorophyll content 1	Stomata density 2 mm^2	Stomata density 1 mm^2	cultivars
1274^{a}	31.13^{ab}	52.9^{ab}	43.72^{a}	143.4^{h}	118.9^{f}	Hayolla 401
1475^{a}	32.40^{a}	48.55^{bc}	42.88^{a}	151.6^{h}	332^{a}	Hayolla 330
464.3^{e}	$19.77c^{de}$	$49.33b^{c}$	41.95^{a}	200.8^{defg}	241.8^{b}	Option 500
526.8^{de}	26.92^{abc}	48.85^{bc}	44.17^{a}	221.3^{bcde}	155.7^{ef}	Sarigoll
1007^{b}	33.35^{a}	46.83^{bcd}	39.25^{ab}	209^{cdef}	180.3^{cde}	RG003
75.89^{f}	13.45^{e}	59.58^{a}	45.1^{a}	237.7^{bcd}	213.1^{bc}	Zarfam
745.5^{c}	22.75^{cd}	36.90^{e}	33.73^{bc}	163.9^{gh}	200.8^{bcde}	Echo
495.5^{e}	18.52^{de}	47.95^{bc}	41.30^{a}	262.3^{ab}	204.9^{bcd}	Swchotshot
757.4^{c}	18.27^{de}	46.42^{bcd}	33.22^{c}	184.4^{efgh}	237.7^{b}	Parkland
46.12^{f}	0.05^{f}	52.32^{ab}	42.47^{a}	282.8^{a}	245.9^{b}	GoldRush
928.6^{bc}	24.13^{bcd}	54.50^{ab}	41.88^{a}	200.8^{defg}	127^{f}	Rinbow
711.3^{cd}	$21.63c^{d}$	43.55^{cde}	40.58^{a}	176.2^{fgh}	225.4^{bc}	Hysun 110
1277^{a}	26.52^{abc}	39.80^{de}	32.90^{c}	245.9^{abc}	159.8^{def}	B.P18

Os valores médios dentro de cada coluna, assinalados com as mesmas letras, não diferem significativamente entre si ao nível de 5% (teste de intervalo múltiplo de Duncan).

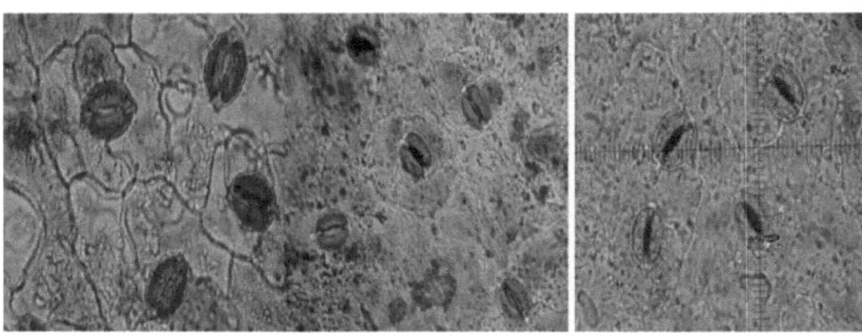

Figura 1 . Forma dos estomas nas variedades de colza de primavera (da esquerda para a direita: Hayolla 330 *Hysun 110 e BP18)*

Quadro 2 . Estudo dos feixes vasculares das variedades de colza de primavera

Diameter of phloem µm	Diameter of xylem µm	vascular bundles density (10X magnification)	Number of metaxylem (10X magnification)	Cultivars
30	20	7	85	Zarfam (*B.napus*)
10	14	4	109	Hysun110 (*B.rapa*)
13	9	4.5	36	BP18 (*B.juncea*)

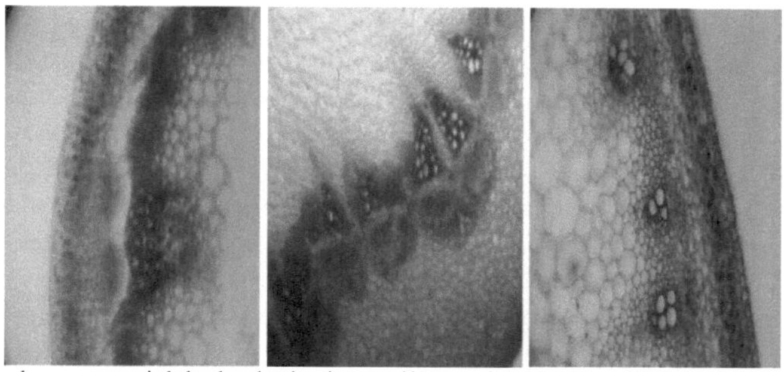

Figura 2: Feixes de vasos em variedades de colza de primavera (da esquerda para a direita: Hysun 110, Zarfam, BP18)

Referência

Berry, M. P. e Spink, J. H. 2006. A physiological analysis of oilseed rape yields in the past and future (Review). J. Agric. Sci. Camb. 199: 381-392.

Chango, G. e McVetty, P.B.E. 2001. Relação entre caraterísticas fisiológicas e parâmetros de rendimento da colza (*Brassica napus* L.). Can. J. Plant Sci. 81: 1-6.

Daie, J. 1985. Distribuição e metabolismo dos hidratos de carbono nas plantas cultivadas. Hortic. Rev. 7: 69108.

Diepenbrock, W. 2000. Componentes do rendimento da colza de inverno (*Brassica napus* L.): A review. Field crops Res. 67: 35-49.

Ghanizadeh, Sh. 2009. Estudo da resistência de cultivares de primavera ao frio na data de sementeira de inverno. Dissertação de mestrado. Universidade Azad de Mashhad.

Habekotte, B. 1993. Análise quantitativa da formação de vagens, da germinação e do enchimento de sementes em colza de inverno (*Brassica napus* L.) em condições de campo. Field Crops Res. 35:2133.

Koocheki, A., Soltani, A. e Azizi, M. 2003. physiological plant ecology. Jahad Daneshgahi Mashhad Press. PP: 271 (Traduzido para persa).

McVetty, P. B. E., Austin, R. B. e Morgan, C. L. 1989. A comparison of growth, photosynthesis, stomatal conductance and water-use efficiency of Moricandia and Brassica species. Ann. Bot .64: 87-94.

Capítulo 4

Investigação de alguns índices fisiológicos e do rendimento final de cultivares primaveris de colza*

Mehdi Azizi, Pooya Arvin

Resumo

Foi realizado um ensaio no Centro de Investigação Agrícola e de Recursos Naturais de Khorasan Razavi, Mashhad - Irão, durante a estação de crescimento de 2007, para avaliar o rendimento e os índices fisiológicos de 13 variedades de colza na primavera. Estas variedades eram derivadas de três espécies de colza pertencentes a *Brassica napus, Brassica rapa e Brassica juncea.* O projeto experimental foi um ensaio em blocos completos aleatórios com quatro réplicas. Os resultados mostraram que havia diferenças significativas entre o rendimento e o LAI das variedades. As variedades de *B. napus* apresentaram valores mais elevados de índices fisiológicos do que as variedades de *B. rapa.* Por conseguinte, o rendimento da *B. napus* foi mais elevado do que o da *B. rapa.* Observou-se um GAI máximo com a obtenção de 744,7 GDD na fase de floração e, a partir daí, observou-se uma tendência decrescente gradual do GAI com uma ligeira inclinação. O NAR máximo foi obtido aos 367,6 GDD na fase inicial de crescimento e depois o NAR diminuiu durante a estação de crescimento até atingir o valor mínimo na fase de floração. Depois disso, o NAR aumentou novamente quando 1043,3 GDD foram obtidos na fase de formação das vagens. Concluímos também que o valor de NAR na formação das vagens foi superior ao valor obtido na fase inicial de crescimento.

Palavras-chave: *B. napus* , *B. rapa* , *B. juncea* , Parâmetros fisiológicos

Introdução

A colza é uma oleaginosa valiosa no Irão e o seu cultivo tem aumentado nos últimos anos. O nosso conhecimento dos limites fisiológicos da formação do seu rendimento ajuda a melhorar a gestão do campo. Para analisar o rendimento, concentrámo-nos nos índices de crescimento que determinam o rendimento das sementes. A matéria seca das plantas é um produto da distribuição de assimilados e um dos factores mais importantes na determinação do rendimento das sementes. O padrão de crescimento é influenciado pela acumulação de matéria seca (Diepenbrock, 2000). Habekette (1993) relatou que o

O máximo de matéria seca (MS) é atingido no final do período de floração. Thurling (1974) encontrou uma relação positiva entre a MS total e a produção de sementes. A taxa de

*[Th]APRESENTADO EM:13 Congresso Internacional de Rap - 5 a 9 de junho de 2011 - Praga, República Checa

crescimento da planta (CGR) explica o melhor conceito de crescimento e é uma medida do efeito de interação entre a planta e a fotossíntese (Clarke e Simpson, 1978). Existem algumas diferenças neste índice entre as espécies de sementes oleaginosas de Brassica (Arvin. 2009). O valor médio da RGR da *Brassica rapa* é superior ao da *B.napus* e da *B.juncea*, o que demonstra a sua maior eficiência de crescimento. Este facto é muito evidente nas variedades de *B. rapa* de maturação precoce (Kasa e Kondra 1986). As diferenças entre as cultivares de colza no índice de área foliar (IAF) são observadas desde o início da floração. O dossel pode atingir um LAI máximo=5-6 para intercetar a maior parte da luz (Mendham *et al.*1981; Arvin. 2009).A taxa de assimilação líquida (NAR) é a taxa de acumulação de matéria seca por unidade de área foliar durante a estação de crescimento. A TAL tem uma tendência diferente na colza do que noutras culturas. Desenvolve-se de forma homogénea ao longo da estação, mas aumenta na altura da emergência das vagens, uma vez que se forma um sumidouro muito forte (Arvin. 2009). Koller *et al.* (1970) relataram o aumento renovado do NAR na soja devido à promoção da fotossíntese e ao aumento da procura de nutrientes pelas sementes.

Material e métodos

Para investigar os índices fisiológicos que determinam a produção de sementes de colza de primavera, foi efectuado um ensaio com 13 variedades de colza de primavera na estação de crescimento de 2007. O local deste estudo foi o Centro de Investigação Agrícola e de Recursos Naturais de Khorasan Razavi, Mashhad-Irão. Estas variedades eram derivadas de três espécies de colza pertencentes a *Brassica napus, Brassica rapa e Brassica juncea.* O projeto experimental foi um ensaio em blocos completos aleatórios com quatro réplicas. Os índices fisiológicos avaliados foram: DM, LAI, CGR, RGR, NAR e também a produtividade de sementes. Todos os índices foram determinados com base em dias e graus-dia de crescimento (GDD). A metodologia para o cálculo desses índices foi descrita por Hunt (1990).

Resultados e discussão

Os resultados mostraram uma diferença significativa entre as variedades em termos de rendimento e índices de crescimento (Tabela 1). Hayolla 330 com uma média de 1475 Kg.ha ^{1}, BP18 com 1277 Kg.ha ^{1} e Hayolla 401 com 1247 Kg.ha ^{1}, tiveram o maior rendimento de sementes neste ensaio.

Quadro 1: Comparação média dos índices fisiológicos máximos na fase de floração e rendimento das variedades de colza de primavera

Cultivars	TDM ($gr.m^{-2}$)	CGR ($gr.m^{-2}.day^{-1}$)	RGR ($gr.gr^{-1}day^{-1}$)	LAI	Yield ($Kg.ha^{-1}$)
B.napus					
Hayolla 401	1193.50^{ABC}	53.01^{AB}	0.05^{AB}	6.13^{AB}	1274^{A}
Hayolla 330	1805^{A}	64.98^{AB}	0.03^{AB}	7.08^{A}	1475^{A}
Option 500	1274.90^{ABC}	88.71^{AB}	0.09^{AB}	4.92^{ABCD}	464.3^{E}
Sarigol	1072.60^{BC}	15.74^{B}	0.01^{AB}	6.00^{AB}	526.8^{DE}
RG003	931.60^{BC}	64.98^{AB}	0.09^{AB}	5.07^{ABCD}	1007^{B}
Zarfam	1653.90^{AB}	148.56^{A}	0.12^{A}	7.36^{A}	75.89^{F}
Echo	678.10^{C}	33.27^{AB}	0.06^{AB}	2.37^{D}	745.5^{C}
Swchotshot	875^{C}	31.72^{AB}	0.01^{B}	2.53^{CD}	495.5^{E}
B.rapa					
Parkland	943.20^{BC}	43.64^{AB}	0.05^{AB}	3.70^{BCD}	757.4^{C}
GoldRush	667.30^{C}	33.03^{AB}	0.05^{AB}	5.18^{ABC}	46.12^{F}
Rinbow	949.40^{BC}	51.87^{AB}	0.05^{AB}	4.80^{ABCD}	928.6^{BC}
Hysun 110	999^{BC}	63.07^{AB}	0.75^{AB}	3.44^{BCD}	711.3^{CD}
B.juncea					
B.P18	1064.10^{BC}	54.25^{AB}	0.04^{AB}	3.07^{CD}	1277^{A}

Os valores médios dentro de cada coluna rotulados com as mesmas letras não são significativamente diferentes ao nível de 5% (teste de intervalo múltiplo de Duncan)

Os resultados da matéria seca máxima mostraram diferenças significativas ($P \leq 0,05$) entre as variedades. ¯A Hayolla 330 teve a maior MS com 1805 g.m ^{2} e a Goldrush a menor com 667,3 g.m ^{2}. Quanto maior a MS da Hayolla 330, maior o rendimento. *As culturas de B. napus* têm um teor de MS mais elevado na altura da floração do que as *de B. rapa* (Si e Thurling, 2001). Estas diferenças são mostradas na Fig. 1 para três representantes de espécies de Brassica.

¨O CGR mostrou diferenças significativas, de modo que os valores médios de CGR para as variedades de colza foram 62,62, 54,25 e 47,9 g.m ^{2}.dia ^{1} para *B.napus, B.juncea* e *B.rapa*, respetivamente. A Hayolla 330 apresentou maior taxa de crescimento e matéria seca acumulada no início do período de floração, e essa superioridade persistiu até o final da estação de crescimento (Fig. 2).

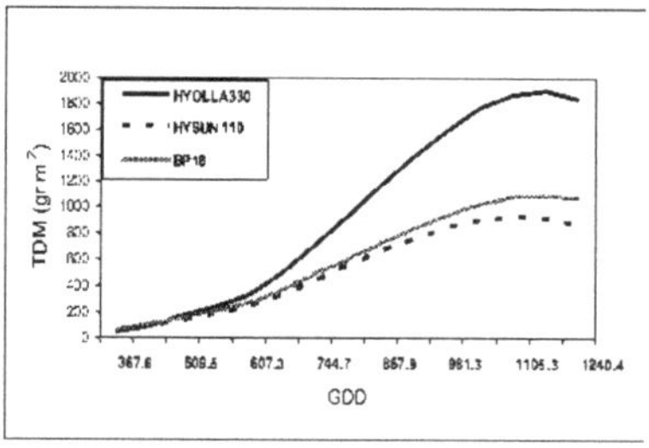

Fig. 1: Tendência TDM para três variedades primaveris de colza primaveris de colza

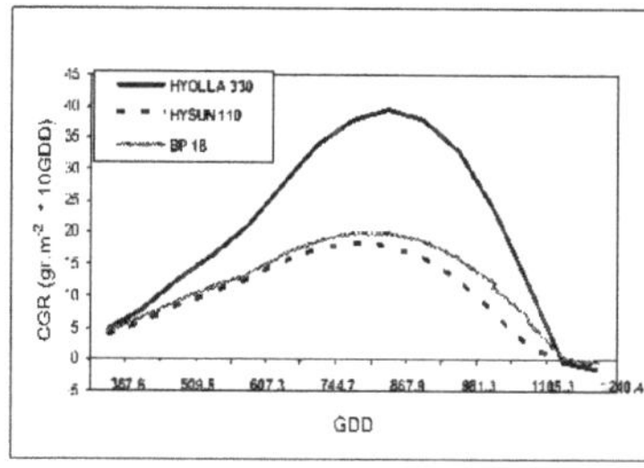

Fig. 2: Tendência CGR para três variedades

Não se registaram diferenças significativas na RGR, mas a média deste índice foi mais elevada para as variedades *B. napus* e *B. rapa* do que para as variedades *B.* juncea. No entanto, o RGR da Hayolla330 foi o mais elevado de todas as variedades. Esta é outra razão para a maior produção de sementes e o potencial desta cultivar na síntese de assimilados e na transferência para sementes em desenvolvimento (Kasa e Kondra, 1986).

O LAI máximo foi significativamente diferente para as variedades individuais. A Hayolla 330 tinha um LAI muito elevado, para além dos outros índices adequados, o que levou a uma maior produção de sementes.

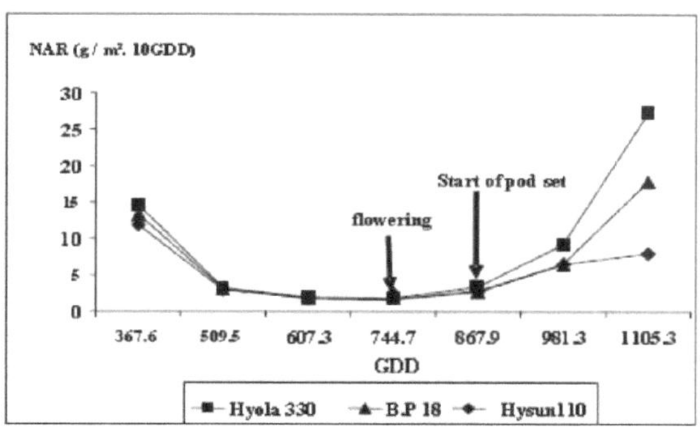

Fig. 3: Tendência NAR para três variedades primaveris de colza durante o período vegetativo

A Fig. 3 mostra a tendência do NAR em três cultivares de diferentes espécies de colza. Obviamente, a maioria das plantas apresenta um nível elevado de NAR na primeira fase do seu crescimento, mas esta tendência diminui gradualmente devido ao sombreamento das folhas. A colza apresenta esta tendência NAR até à fase de floração, mas após o aparecimento das vagens, que são substituídas por folhas, a taxa NAR volta a aumentar.

Há duas razões para o aumento do NAR após a formação das vagens: Em primeiro lugar, a sombra proporcionada pelas vagens é muito menor do que a proporcionada pelas folhas. Por conseguinte, a penetração da luz nas coroas das vagens é elevada. A segunda razão é o facto de as copas das vagens terem uma maior eficiência de matéria seca por índice de área verde do que apenas as folhas. Desde o enchimento médio das vagens até à maturidade, o NAR foi mais elevado na *B.napus*. Diepenbrock (2000) confirmou na sua revisão que a superfície da vagem em desenvolvimento pode intercetar e utilizar a radiação solar incidente a um nível elevado. Com o início da floração, há uma diminuição drástica do LAI e, ao mesmo tempo, um aumento da área das vagens, de modo que a fixação líquida total de CO2 pelas bainhas das vagens excede a das folhas, uma vez que as vagens estão expostas a uma radiação muito mais elevada do que as folhas". Esta é a principal razão para o aumento do NAR no final da estação.

Referências

Arvin, P. 2009. Estudo sobre a base fisiológica e morfológica das diferenças de rendimento entre variedades de colza de primavera. Dissertação de Mestrado. Tese de Mestrado em Agronomia. Islamic Azad Univ. Bojnord, Irão.

Clarke, J.M. e G.M. Simpson. 1978. Influência da irrigação e das taxas de sementeira no rendimento e nas componentes do rendimento da *Brassica napus* CV. Tower.Can.J. Plant Sci. 58:731-737.

Diepenbrock, W. 2000. Componentes do rendimento da colza de inverno (*Brassica napus* L.): An overview. Field Crops Res. 67: 35-49.

EL - Darier , S., M. Hemada e L. Sadek. 2002. distribuição de matéria seca e análise de crescimento em soja sob condições agrícolas naturais. Pakistan J. Biol. Sci. 5: 545549.

Habekotte, B. 1993. Análise quantitativa da formação de vagens, da germinação e do enchimento de sementes em colza de inverno (*Brassica napus* L.) em condições de campo. Field Crops Res. 35:2133.

Hunt, R. 1990, Basic growth analysis. Unwin Hyman Ltd, Londres.

Kasa, G. R. e Z. P. Kondra. 1986. análise de crescimento da colza de primavera. Field Crops. Res. 14: 361-370.

Koller, H. R., W. E. Nyquist e I. S. Chorush. 1970. análise de crescimento da comunidade de soja. Crop Sci. 10: 407- 412.

Mendham, N.J., P. A. Shipway e R. K. Scott. 1981. O efeito do atraso da sementeira e do clima no crescimento, desenvolvimento e rendimento da colza de inverno (*Brassica napus* L.). J. Agric. Sci. Camb. 96: 389-416.

Si, P., e N. Thurling. 2001. A maior taxa de crescimento relativo de *Brassica rapa* L. a baixas temperaturas aumenta a biomassa na antese. Aust. J. Agric. Res.52: 645-652.

Thurling, N. 1974. Determinantes morfofisiológicos do rendimento da colza (*Brassica compestris* e *Brassica napus*). Caraterísticas morfológicas e de crescimento. Aust. J. Agric. Res. 25: 697- 710.

Capítulo 5

Diferença de Yi eld e eficiência de utilização da radiação de cultivares primaveris de espécies de colza†

Pooya Arvin, Mehdi Azizi

Resumo

Para estudar o rendimento, os componentes do rendimento e a eficiência da radiação de 13 variedades primaveris de colza, foi efectuado um ensaio na Estação de Investigação Agrícola e de Recursos Naturais em Torogh, Mashhad, durante a estação de crescimento de 2007. Estas variedades eram de três espécies de colza pertencentes a *Brassica napus*, *Brassica rapa* e *Brassica juncea.* O projeto experimental foi um ensaio em blocos aleatórios com 4 réplicas. Os resultados mostraram que houve uma diferença significativa no rendimento e nos componentes do rendimento entre as variedades. Com exceção do número de vagens, os híbridos Hayolla tinham mais componentes de rendimento do que as outras variedades. As variedades *de B. napus* tinham mais componentes de rendimento do que as variedades *de B. rapa.* $^{-1-1-1}$Hayolla 330 com uma média de 1475 kg ha, BP18 com uma média de 1277 kg ha e Hayolla 401 com uma média de 1274 kg ha tiveram o maior rendimento neste ensaio. Concluímos que *as variedades de B. napus* tiveram um rendimento mais elevado do que *as variedades de B. rapa.* As variedades neste ensaio mostraram diferenças consideráveis em termos de utilização da radiação, com o valor da utilização da radiação neste estudo a variar entre 0,4487±0,201 DM. $^{-1}$MJ a 1,8355±0,07 DM. $^{-1}$MJ . Hayolla 330 com um valor médio de 1,8355+0,07 DM. $^{-1}$MJ e Zarfam com uma média de 1,32+0,725 DM. $^{-1}$MJ apresentaram o maior aproveitamento da radiação. Nestas condições experimentais, as *variedades de B. napus* apresentaram geralmente um maior aumento de matéria seca por unidade de radiação acumulada do que as variedades *de B.* rapa e *B.* juncea.

Palavras-chave: colza, variedades de primavera, brássicas, radiação interceptada

Introdução

A produção de sementes é o resultado da atividade da copa da planta durante a estação de crescimento e da utilização da radiação, nutrientes, água e outros factores ambientais (Clarke *et al.* 1978a).

A relação entre a radiação fotossinteticamente ativa (PAR) e a massa seca produzida por uma planta é linear. O declive desta linha indica a eficiência da utilização da radiação (Muchow *et al.* 1994; Sinclair *et al.* 1999; Soltani *et al.* 2006). Muitos modelos de simulação de culturas

† APRESENTADO EM: XXXII Conferência CIOSTA e CIGR, 17-19 de junho de 2009, Reggio Calabria, Itália

estimam o crescimento das plantas numa situação de não stress como o produto da radiação solar incidente, da radiação interceptada e da eficiência de utilização da radiação (Rizzalli *et al.* 2002). $^{-1}$ $^{-1}$A RUE para a colza de inverno e de verão foi calculada em 1,2 DM.MJ e 1,5 DM.MJ, respetivamente. Estas

foram determinados antes da floração (Morrison e Stewart.1995). O RUE diminui durante

$^{-1}$colocação de sementes e é estimado entre 0,4 - 0,75 DM.MJ (Berry e Spink. 2006). Tanto as diferenças na estrutura da copa como o padrão distinto de absorção de radiação entre as variedades de canola conduzem a variações no rendimento e nos componentes do rendimento, pelo que a seleção de variedades com uma estrutura de copa adequada para obter mais RUE contribuirá para uma maior produtividade em termos de proteínas, óleo e formação do rendimento final. Este estudo foi realizado para investigar o rendimento, os componentes do rendimento e a eficiência da radiação da colza de primavera, tendo em conta a expansão da cultura da colza no Irão.

Material e métodos

A experiência foi conduzida durante a estação de crescimento de 2007 na Estação de Investigação Agrícola e de Recursos Naturais em Torogh, Mashhad, no norte oriental do Irão (36° N, 59° E, 1003 m de altitude e precipitação anual de 286 mm). A textura do solo era franco-siltosa.

O projeto experimental foi um bloco completo aleatório com 4 réplicas. Foram semeadas 13 variedades de colza em 20 de fevereiro de 2007. As variedades Hayolla 401, Hayolla 330, Option 500, Sarigol, RGS003, Zarfam, Echo e Swchotshot pertencem ao género *B. napus*. As variedades Hysun 110, Rinbow, Goldrush e Parkland pertencem ao género *B.* rapa e a variedade BP.18 pertence ao género *B.* juncea.

A proporção de radiação interceptada foi determinada com o aparelho Sunscan (SSI-UM-1.05-USA), depois as medições foram efectuadas de acordo com o método de Whilhelm *et al.* (2000). A fração de radiação interceptada (F) foi calculada como F= (1- luz abaixo da copa / luz acima da copa). Com base nas horas de sol diárias reais (dados da organização meteorológica da estação sinóptica em Mashhad), na fração de radiação interceptada (F) e na própria massa seca, a RUE foi calculada a partir do declive das linhas entre a radiação interceptada acumulada e a massa seca acumulada. O rendimento final das sementes e os seus componentes foram determinados em cada parcela. Todos os dados foram analisados estatisticamente usando o pacote SAS 9.1 e os valores médios foram expressos na forma do teste de intervalo múltiplo de Duncan.

Resultados

Eficiência da utilização da radiação

O RUE, o coeficiente de determinação e o coeficiente de variação para as variedades de colza são apresentados no Quadro 1. $^{-1-1-1}$Hayolla 330, com um valor médio de 1,8355±0,07 DM.MJ, e Zarfam, com um valor médio de 1,31±0,725 DM.MJ, tiveram o valor mais alto e BP.18, com um valor médio de 0,4487±0,201 DM.MJ, teve o valor mais baixo de RUE. Em geral, *as* cultivares *de B.* napus apresentaram maior tendência de expansão da matéria seca por unidade de radiação acumulada interceptada do que as cultivares *de B.* rapa e *B.* juncea (Tabela 1). $^{-1-1-1}$ Os valores médios de RUE para as variedades *B. napus*, *B. rapa* e *B. juncea* foram 0,99 DM.MJ , 0,69 DM.MJ e 0,44 DM.MJ , respetivamente.

Retorno e componentes de retorno

A comparação média dos rendimentos e dos componentes do rendimento é apresentada no Quadro 2. $^{-1-1-1-1-1}$ A comparação média do rendimento de sementes mostra que Hayolla 330 com uma média de 1475 kg ha, BP.18 com uma média de 1277 kg ha e Hayolla 401 com uma média de 1274 kg ha tiveram o maior rendimento de sementes e Goldrush com uma média de 46,12 kg ha e Zarfam com uma média de 75,89 kg ha tiveram o menor rendimento de sementes (Quadro 2).

O maior número de vagens secundárias por planta na BP.18 (Quadro 2) resultou num maior rendimento de sementes. $^{-1-1}$Estatisticamente, as variedades de *B. napus* (855,44 kg ha) tiveram um rendimento mais elevado do que as variedades de *B. rapa* (799 kg ha). A superioridade dos híbridos Hayolla em relação aos outros foi devida a alguns componentes do rendimento, como o número de ramos secundários por planta, o número de vagens por planta, o número de sementes por vagem e o peso de 1000 sementes (quadro 2). Zarfam e Goldrush apresentaram os valores mais baixos para os componentes de rendimento (Tabela 2).

Discussão

Diferentes espécies de plantas têm diferentes URE (Gallo *et al.* 1993). O valor de RUE pode ser estável ao longo do ciclo de vida da planta (Soltani *et al.* 2006). O aumento de ramos secundários nos híbridos Hayolla, especialmente no Hayolla 330, foi causado por uma disposição adequada das folhas na copa, de modo que esta arquitetura da copa ajudou a que mais luz penetrasse em toda a estrutura da copa. Por conseguinte, uma produtividade adequada da radiação solar incidente conduz a uma maior formação de sementes. O Zarfam teve um valor RUE elevado mas um rendimento de sementes inferior. A não adaptação do Zarfam à data de plantação na primavera, o atraso na floração devido ao crescimento vegetativo excessivo e o contacto da formação de vagens com o stress térmico no final da estação de crescimento podem ser razões conhecidas para a redução do rendimento do Zarfam.

As variedades *de B.* napus tinham geralmente um valor RUE mais elevado do que as variedades *de B.* rapa (quadro 1).

Dipenbrock (2000) confirmou que a notável eficiência das cultivares *de B.* napus no fornecimento e conversão de material fotossintético leva à formação de um rendimento mais elevado.

O maior RUE (Quadro 1) e alguns componentes do rendimento, como o peso de 1000 sementes e o número de ramos secundários por planta (Quadro 2), mostram a superioridade da Hayolla 330 sobre outras variedades em termos de rendimento de sementes. Thurling (1974) referiu que as variedades *de B.* napus têm um rendimento final de matéria seca e de sementes mais elevado do que as variedades *de B.* rapa. As variedades de baixo rendimento são caracterizadas por um menor número de ramos secundários, gomos, vagens e sementes (Bauerv *et al.* 1984). O aumento do número de ramos secundários por planta na colza leva a um aumento da capacidade de sumidouro (Dipenbrock 2000). As cultivares *de B.* juncea têm naturalmente mais vagens por planta, e estas cultivares podem manter esta capacidade mesmo em situações de stress (Angadi *et al.* 2000).

Quadro 1: Valor da eficiência da radiação das variedades de colza de primavera

Cultivars	Species	RUE ± SE ($DM.MJ^{-1}$)	Determination Coefficient	CV (%)
Hayolla 401	*B.napus*	1.033 ± 0238	0.862	14.79
Hayolla 330	*B.napus*	1.8355 ± 0.07	0.9952	3.6
Option 500	*B.napus*	1.057 ± 0.63	0.4782	39.1
Sarigol	*B.napus*	0.8542 ± 0.296	0.7346	20.07
RGS003	*B.napus*	0.6599 ± 0.332	0.5678	29.2
Zarfam	*B.napus*	1.312 ± 0.725	0.5217	31.2
Parkland	*B.rapa*	0.641 ± 0.126	0.8961	10.61
GoldRush	*B.rapa*	0.5737 ± 0.187	0.7566	17.54
Echo	*B.napus*	0.5526 ± 0.197	0.7235	20.29
Swchotshot	*B.napus*	0.6608 ± 0.148	0.8683	15.88
BP18	*B.juncea*	0.4487 ± 0.201	0.6226	16.8
Rinbow	*B.rapa*	0.7646 ± 0.32	0.6547	28.25
Hysun 110	*B.rapa*	0.816 ± 0.32	0.6724	29.62

Cultivars	Species	No. of Secondary Branches per Plant	No. of Pods per Plants	No. of Seeds per Plant	1000 Seed Wt. (gr)	Seed Yield (Kg.ha^{-1})
Hayolla 401	*B.napus*	5.22^{bc}	84.13^{bcd}	28.85^{a}	3.375^{a}	1274^{a}
Hayolla 330	*B.napus*	8.57^{a}	108.7^{b}	22.6^{ab}	2.878^{b}	1475^{a}
Option 500	*B.napus*	5.37^{bc}	85.07^{bcd}	22.65^{ab}	2.180^{de}	464.3^{e}
Sarigol	*B.napus*	4.12^{c}	57.3^{cd}	21.15^{abc}	2.53^{c}	526.8^{de}
RGS003	*B.napus*	3.72^{c}	45.3^{d}	25.05^{ab}	2.685^{bc}	1007^{b}
Zarfam	*B.napus*	0.8^{de}	5.37^{e}	12.9^{d}	2.085^{def}	75.89^{f}
Parkland	*B.rapa*	5.27^{bc}	107.9^{b}	18.55^{bcd}	2.040^{ef}	757.4^{c}
GoldRush	*B.rapa*	0.02^{e}	0.012^{e}	0.001^{e}	1.85^{h}	46.12^{f}
Echo	*B.napus*	4.95^{bc}	96.4^{bc}	21.2^{abc}	1.538^{g}	745.5^{c}
Swchotshot	*B.napus*	5.52^{bc}	71.22^{bcd}	13.9^{cd}	1.783^{fg}	495.5^{e}
BP18	*B.juncea*	7.37^{ab}	146.5^{a}	12.5^{d}	2.383^{cd}	1277^{a}
Rinbow	*B.rapa*	2.97^{cd}	53.47^{d}	24.9^{ab}	2.632^{bc}	928.6^{bc}
Hysun 110	*B.rapa*	5.2^{bc}	100.3^{b}	18.4^{bcd}	1.590^{g}	711.3^{cd}

Quadro 2: Comparação do rendimento médio e das componentes do rendimento das variedades de colza de primavera

Referências:

Angadi, S. V., H. W. Cutforth, P. R. Miller, B. G. McConkey, M. H. Entz, S. A. Brandt e M. Volkmar. 2000. Resposta de três espécies de Brassica ao stress de temperaturas elevadas durante o período reprodutivo. Can. J. Plant Sci. 80: 693-701.

Bauer, A., B. Frank, e A.L. Black. 1984. Estimativa das taxas de crescimento das folhas na primavera e da antese a partir da temperatura do ar. Agron. J.camb. 76: 829-835.

Berry, M. P. e J. H. Spink. 2006. a physiological analysis of oilseed rape yields in the past and future. J. Agric. Sci .199: 381-392.

Clarke, J. M. e G. M. Simpson. 1978a. Análise do crescimento de *Brassica napus* cv. Tower. Can. J. Plant Sci. 58: 587-595.

Diepenbrock, W. 2000. Componentes do rendimento da colza de inverno (*Brassica napus L.*): A review. Field Crops Res. 67: 35-49.

Gallo, K., P. S. T. Craig e C. L. Wiegand. 1993. Erros na medição da radiação absorvida e no cálculo do rácio de utilização da radiação pelas plantas. Agron. J. 85:12221228.

Morrison, J.M. e D.W. Stewart. 1995. eficiência da utilização da radiação na colza de primavera. Agron. J. 87:1139-1142.

Muchow, R. C. e T. R. Sinclair. 1994. Resposta do azoto à fotossíntese foliar e à eficiência da utilização da radiação da copa em milho e sorgo cultivados no campo. Crop Sci. 34:721-727.

Rizzalli, R. H., J. F. Villalobos e F. Orgaz. 2002. absorção de radiação, eficiência de utilização de radiação e partição de matéria seca em alho (*Allium sativum L.*). Eur. J. Agron. 18: 33-43.

Sinclair, T. R. e C. R. Muchow. 1999. eficiência do uso da radiação, uma revisão. Adv.Agron .65: 215- 265.

Soltani, A., M.J.Robertson, A.Rahemi-Karizaki, J.Poorreze e H.Zarei. 2006. modelação da acumulação e distribuição de biomassa no grão-de-bico (*Cicer arietinum L.*).J. Agron. Crop Sci. 192: 379- 389.

Thurling, N. 1974. Morphophysiological determinants of yield in oilseed rape (*Brassica c ompestris* and *Brassica napus*). Componentes do rendimento. Aust. J. Agric. Res. 25: 711-721.

Whilhelm, W. W., K. Ruwe e M. R. Schlemmer. 2000. Comparação de três dispositivos de medição do índice de área foliar num campo de milho. Crop Sci. 40: 1179- 1183.

Capítulo 6

Investigação da distribuição da matéria seca na folha, caule e vagem em diferentes variedades de colza‡

Pooya Arvin, Mehdi Azizi, Rana Firuzeh

Resumo

Para determinar o coeficiente de distribuição de folhas e vagens de 13 variedades de colza de primavera, foi efectuado um ensaio na Estação de Investigação Agrícola e de Recursos Naturais em Torogh, Mashhad, durante a estação de crescimento de 2010. O projeto experimental foi um bloco completo aleatório com 4 réplicas. Os resultados mostraram que houve uma diferença significativa entre as variedades no coeficiente de partição foliar, tendo a Goldrush a mais elevada com 0,68+0,076 gr/gr e a Zarfam com 0,68+0,074 gr/gr e a BP18 com o coeficiente de partição foliar mais baixo com 0,22+0,15 gr/gr, enquanto os valores da partição folha-caule mostraram que os caules eram a fonte mais ativa e maior de absorção de assimilação do que as folhas, do início ao fim do período de floração. Entretanto, foi observada uma tendência decrescente na distribuição das folhas durante a floração nas variedades de primavera, com uma diferença significativa entre variedades em termos de coeficiente de partição na vagem. Os híbridos Hayolla apresentaram o maior coeficiente de distribuição de vagens em comparação com as outras variedades. Tanto o rendimento como o corte de rendimento apresentaram uma correlação forte e positiva com o coeficiente de distribuição das vagens neste ensaio.

Palavras-chave: colza, coeficiente de partição, folha, vagem

Introdução

A colza é uma nova cultura de sementes oleaginosas no Irão e a sua superfície está atualmente a ser aumentada. A produção de colza é também a terceira maior cultura de sementes oleaginosas, a seguir à soja e à palma. Não há dúvida de que a cultura da colza parece ser útil para reduzir as importações de óleos vegetais para o Irão (Arvin, 2009).

A taxa de fotossíntese é definida como a fixação de carbono disponível na folha. A regulação da taxa de fixação de carbono em diferentes vias metabólicas é definida como afetação. Os feixes vasculares formam sistemas tubulares capazes de transferir fotoassimilados para

‡ PUBLICADO EM: International Journal of Biosciences- 2014, 4(10):243-248

diferentes órgãos, como as folhas jovens, caules, raízes, frutos ou sementes. A diferente distribuição do fotoassimilado na planta é designada por partição (Taiz e Zeiger, 2010).

De acordo com a equação de rendimento, a produtividade dos cobertos vegetais é analisada com base na radiação solar incidente total, na proporção da radiação solar incidente que é interceptada pelo coberto vegetal, na eficiência da conversão da radiação interceptada em matéria seca vegetal e na distribuição da matéria seca entre os vários componentes vegetais (Echarte *et al.* 2008).

Staford (1996) verificou que a remobilização a partir do caule não ocorre. O mesmo autor também referiu que o peso seco das folhas da colza diminui durante a estação de crescimento, estando a maior parte da perda de peso seco associada à queda das folhas. As folhas convertem parte do seu fotoassimilado em vagens, que são colocadas nas partes inferiores da copa (Staford, 1996). As folhas da colza de Brassica são as principais fontes de produção fotossintética. Apesar do rápido envelhecimento das folhas na fase de desenvolvimento das vagens, os fotoassimilados formam uma certa estrutura de destaque, como o número de vagens ou o número de sementes por vagem. A remobilização de todo o material fotossintético das folhas para outras partes da copa ocorre na fase de senescência das folhas.

Finalmente, após a queda das folhas, tanto os caules como as vagens são fontes importantes para a produção de fotoassimilados (Major *et al.* 1978).

Três métodos foram utilizados para a partição da matéria seca das plantas (Marcelis.1993): (i) modelação baseada na teoria do ajustamento fonte-dreno (Minchin *et al.*1993); (ii) teoria do equilíbrio funcional (Levin e Mooney.1989; Hunt *et al.*1998) e (iii) coeficiente de partição ou teoria do índice (Singels e Bezuidenhout. 2002; Tang *et al.* 2007a). O modelo fonte-dreno é raramente utilizado porque a capacidade de assimilar os produtos assimilados é determinada pela intensidade do sumidouro (Marcelis.1996) e a intensidade do sumidouro dos componentes da planta é quantificada pela taxa de crescimento potencial, que é difícil de obter na prática, especialmente para os órgãos vegetativos. Através de modelos de equilíbrio funcional, é possível simular a distribuição da matéria seca entre a parte aérea e a raiz, estabelecendo relações entre a parte aérea (taxa fotossintética) e o vigor da raiz (absorção de água e de nutrientes), mas a distribuição da matéria seca da parte aérea para os outros órgãos acima do solo não pode ser simulada. Partindo do princípio de que o rácio da taxa de crescimento ou da taxa de crescimento relativo entre os diferentes órgãos é constante ou é função do tempo, da temperatura acumulada ou do tamanho da planta numa determinada fase de crescimento da planta, um modelo baseado num coeficiente ou índice de partição não é assim

Em termos de metodologia, o modelo é tão bom como o modelo fonte-sumidouro, mas é mais prático porque os seus parâmetros são fáceis de medir (Jichuan *et al.* 2012).

Este estudo foi realizado para determinar a divisão foliar e a sua importância na estrutura da arquitetura da planta e para determinar a divisão das vagens e a sua relação com o rendimento final e o índice de colheita.

Material e método

A experiência foi realizada durante a estação de crescimento de 2007 na Estação de Investigação Agrícola e de Recursos Naturais em Torogh, Mashhad, no leste e norte do Irão (36° N, 59° E, 1003 m de altitude e 286 mm de precipitação anual). A textura do solo era franco-siltosa. Cada campo experimental era constituído por 4 linhas de plantação com um comprimento de 6 metros. A distância de plantação nas linhas foi de 30 cm e a densidade de plantação foi de 43 plantas por metro.[2]

O projeto experimental foi um ensaio em blocos completos aleatórios com 4 réplicas. Foram semeadas 13 variedades de colza em 20 de fevereiro de 2007. As variedades Hayolla 401, Hayolla 330, Option 500, Sarigol, RGS003, Zarfam, Echo e Swchotshot pertencem ao género *B. napus*. As variedades Hysun 110, Rinbow, Goldrush e Parkland pertencem ao género *B.* rapa e a variedade BP.18 pertence ao género *B.* juncea.

As folhas, os caules e as vagens foram retirados separadamente de três plantas de cada parcela. As folhas, caules e vagens retirados foram secos a 70°C durante 48 horas e depois pesados. A massa seca foi medida semanalmente.

A fórmula seguinte foi utilizada para determinar o coeficiente de partição para diferentes órgãos (Rizzalli *et al.* 2002):

$$PC_i = \frac{\Delta DM_i}{\Delta DM_{tot}}$$

Pci: coeficiente de partição da matéria seca do órgão i no intervalo entre as amostragens; A DMi: variação da matéria seca do órgão individual no intervalo entre as amostragens; A DMtot: variação da matéria seca total do órgão desejado no intervalo entre as amostragens.

Finalmente, foi calculada a relação entre a matéria seca acumulada para cada órgão (folha, caule e vagem) e a matéria seca acumulada para o rebento, e o declive desta equação deu o coeficiente de partição da matéria seca. O índice de colheita (HI) em cada parcela na maturidade foi calculado utilizando a seguinte equação (Arvin. 2009):

HI= EY/BY *100

EY é o peso seco das sementes e BY é o peso seco total.

[2]Na maturidade, o rendimento final de sementes foi calculado a partir de 2 linhas centrais de cada parcela, e o rendimento foi de cerca de 3 m em cada parcela.

Todos os dados foram analisados estatisticamente utilizando o pacote SAS 9.1 e todos os gráficos foram criados utilizando o Excel.

Resultados e discussão:

O coeficiente de partição para a massa seca acumulada da folha versus a massa seca total acumulada do rebento foi determinado por ajuste de regressão (Quadro 1). [2]O coeficiente de

determinação (R) e o coeficiente de variação (CV) da folha foram determinados. Houve diferenças consideráveis entre as cultivares no coeficiente de distribuição foliar com base na taxa de ±SE. Goldrush e Zarfam tiveram o maior número de gramas de matéria seca de folha por grama de matéria seca total de broto no estágio final de floração com 0,68±0,076 e 0,68±0,74, respetivamente, e BP18 teve o menor com 0,22±0,15 (Tabela 1).
O coeficiente de partição mais elevado para a Goldrush e a Zarfam pode ser justificado pelo facto de estas duas variedades terem um carácter inverno-primaveril e também de a colocação no regime de plantação primaveril ter conduzido a uma vernalização incompleta, de modo que a absorção de unidades de frio insuficientes provocou um crescimento vegetativo mais forte e a produção de mais folhas nestas variedades do que nas outras.
As caraterísticas notáveis da Zarfam e da Goldrush, tais como o elevado coeficiente de distribuição foliar, a arquitetura adequada, o aparecimento precoce da fase fenológica, etc., podem ser previsíveis se estas duas variedades forem cultivadas em condições adequadas, de modo a poderem conduzir a um maior rendimento.

O coeficiente de partição mais baixo para o BP18 deve-se à pequena estrutura das folhas desta espécie (*Brassica juncea*) em comparação com duas outras espécies (*Brassica napus* e *Brassica rapa*) (Azizi *et al.* 1999).

É evidente que a disponibilidade de factores de produção como a água, a radiação solar, os nutrientes, o dióxido de carbono e a temperatura provocam a produção de mais massa seca vegetativa, especialmente durante a estação de crescimento (Diepenbrock, 2000). Concluímos que a maior parte do fotoassimilado foi investido nos caules no período entre o início e o fim da floração (Figs. 1 e 2).
As razões para estes processos podem ser explicadas da seguinte forma:
A queda das folhas ocorreu principalmente durante a última floração, de modo que a proporção de matéria seca das folhas em relação à matéria seca total diminuiu, sugerindo que nesta fase os caules tiveram precedência sobre as folhas na absorção de materiais fotossintéticos. Por outro lado, a tendência decrescente na distribuição de material fotossintético para as folhas estava relacionada com a fisiologia da queda das folhas (Azizi *et al.* 1999; Diepenbrock 2000). Houve uma diferença significativa entre as cultivares em termos de coeficiente de partição de vagens com base na taxa de ± SE. Hayolla 401 e Hayolla 330 com 0.74759 ±0.2166 e0.709±0.1731 tiveram o maior e Goldrush com 0.001+0.0023 teve o menor número de gramas de matéria seca de folhas por grama de matéria seca total de rebentos na maturidade (Tabela 2). Os resultados da comparação média da produção final de sementes também mostraram que a Hayolla330 com uma média de 1475 kg/ha e a Hayolla401 com uma média de 1274 kg/ha tiveram a maior produção final de sementes. A Goldrush ficou em último lugar para esta caraterística. A distribuição de mais fotoassimilados entre os órgãos económicos pode mostrar uma correlação positiva e elevada com o rendimento final e a média da cultura (Berry e Spink, 2006). Como mostram as Figuras 3 e 4, o coeficiente de distribuição de material para as vagens apresentou uma correlação positiva de 80% com o rendimento final e uma correlação positiva de 59% com o índice de colheita.
No futuro, devem ser realizados estudos exaustivos sobre as folhas, como principal fonte de

^{2}Quadro 1: Coeficiente de distribuição de material na folha, coeficiente de determinação (R) e coeficiente de var.ação (CV) para variedades de colza de primavera

CV %	Determination coefficient R^2	Material partitioning coefficient into leaf gr / gr	Replication	cultivars
22.14	0.88	0.26±0.098	4	*Hayolla 401*
22.03	0.86	0.34±0.13	4	*Hayolla 330*
9.86	0.99	0.45±0.65	4	*Cption 500*
10.9	0.97	0.38±0.071	4	*Sarigol*
4.6	0.99	0.33±0.028	4	*RG003*
7.9	0.98	0.68±0.074	4	*Zarfam*
24.5	0.29	0.34±0.21	4	*Parkland*
5.8	0.98	0.68±0.076	4	*GoldRush*
13.08	0.83	0.24±0.71	4	*Echo*
2.69	0.99	0.3±0.16	4	*Swchotshot*
33.86	0.68	0.22±0.15	4	*BP18*
11.28	0.97	0.34±0.059	4	*Rinbow*
14.32	0.58	0.25±0.0103	4	*Hysun 110*

^{2}Quadro 2: Coeficiente de distribuição do material na vagem, coeficiente de determinação (R), coeficiente de variação (CV) e comparação do valor médio do rendimento final das variedades de colza de primavera

Mean comparison of yield Kg/ha*	CV %	Determination coefficient R^2	Material partitioning coefficient into pod gr / gr	Replication	cultivars
1274^a	32.7	0.7193	0.7475±0.2166	4	*Hayolla 401*
1475^a	33.8	0.7552	0.709±0.173	4	*Hayolla 330*
464.3^e	48.9	0.4722	0.258±0.106	4	*Cption 500*
526.8^{de}	57.8	0.3594	0.299±0.163	4	*Sarigol*
1007^b	49.2	0.4691	0.411±0.178	4	*RG003*
75.89^f	67.3	0.0281	0.0048±0.011	4	*Zarfam*
757.4^c	40.2	0.6131	0.426±0.169	4	*Parkland*
0.0001^f	69.4	0.0301	0.001±0.0023	4	*GoldRush*
745.5^c	52.3	0.3915	0.150±0.176	4	*Echo*
495.5^e	58.3	0.5896	0.316±0.176	4	*Swchotshot*
1277^a	50.1	0.6578	0.528±0.155	4	*BP18*
928.6^{bc}	48.5	0.363	0.357±0.193	4	*Rinbow*
711.3^{cd}	41.2	0.6561	0.512±0.161	4	*Hysun 110*

Nota*: As médias das colunas seguidas da mesma letra não são significativamente diferentes ao nível de 5% de probabilidade utilizando a diferença menos significativa (LSD).

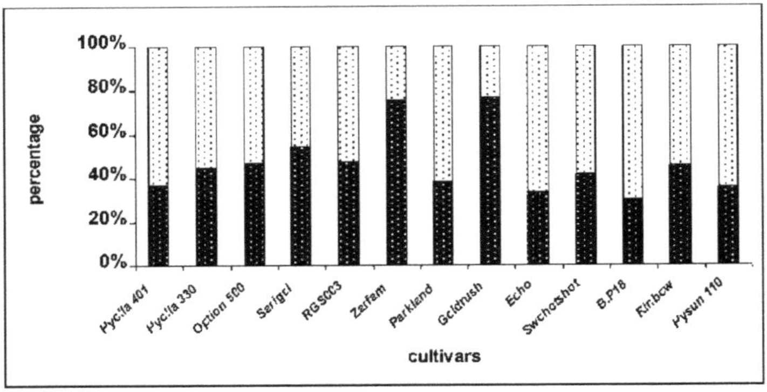

Fig. 1: Percentagem de matéria seca nos órgãos (parte branca = caule e parte preta = folha) no início do período de floração

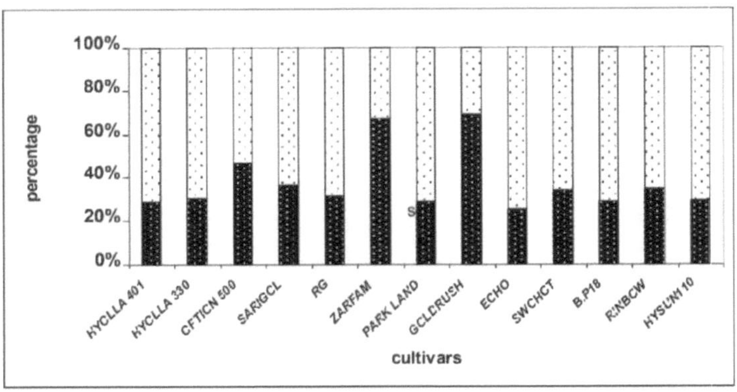

Fig. 2: Percentagem de matéria seca nos órgãos (parte branca = caule e parte preta = folha) no final da floração

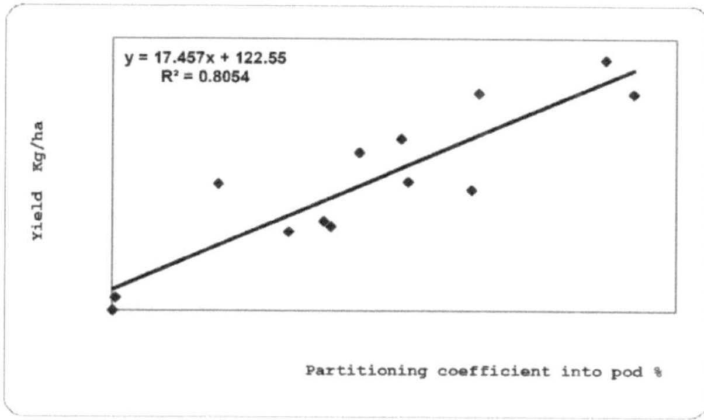

Fig. 3 Relação entre o coeficiente de partição na vagem e o rendimento

Fig. 4 Relação entre o coeficiente de partição na vagem e o índice de dados de colheita

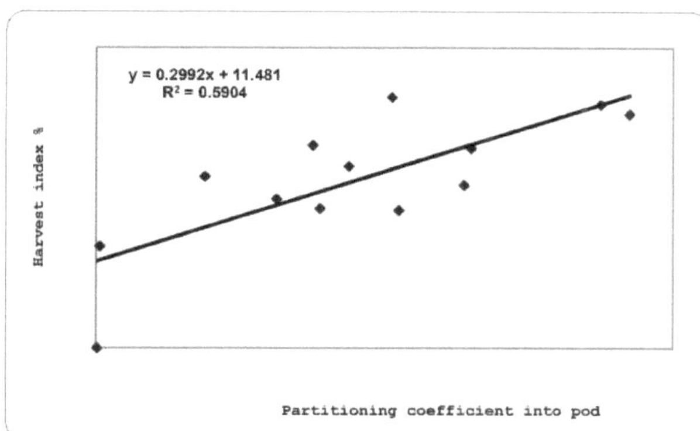

Referência

Arvin P. 2009: Estudo sobre a base fisiológica e morfológica das diferenças de rendimento entre variedades de colza cultivadas na primavera. Tese de mestrado. Universidade Islâmica Azad, secção de Bojnourd, Irão (em persa).

Azizi M, Soltani A, Khavari S.1999. Brassica oilseeds. Jahad Daneshgahi Mashhad Press. 230 PP (Traduzido para persa).

Berry MP, Spink JH. 2006. A physiological analysis of oilseed rape yields, past and future (Review). Journal of Agriculture Science. 199: 381-392.

Diepenbrock W. 2000. Componentes do rendimento da colza de inverno (*Brassica napus* L.): A review. Investigação sobre culturas arvenses. 67: 35-49.

Echarte L, Rothstein S, Tollenaar M. 2008. A resposta da fotossíntese foliar e da acumulação de matéria seca ao fornecimento de azoto num híbrido de milho mais antigo e mais recente. Crop Science.48: 656-665.

Jichuan W, Gao S, Yuan J, MA F. 2012. simulação de acumulação de matéria seca, distribuição e previsão de rendimento em tomate para processamento (*Lycopersicon esculentum* Mill.). Australian Journal of Crop Science. 6: 93-100.

Hunt HW, Morgan JA, Read JJ.1998. Simulação do crescimento e da distribuição da raiz e do rebento em gramíneas da pradaria sob CO_2 atmosférico elevado e stress hídrico. Annals of Botany - Londres. 81: 489-501.

Levin SA , Mooney HA. 1989. The dependence of the plant root: shoot ratios on internal nitrogen concentration. Annals of Botany-Londres. 64: 71-75

[14]**Major DJ, Bole JB e Charnetski WA.** 1978. Distribuição de fotossintatos após assimilação de Co2 por caules, folhas e vagens de plantas de colza. Canadian Journal of Plant Science . 58: 783-787.

Marcelies, LFM. 1993. Simulação da distribuição de biomassa em culturas de estufa (Revisão). Ata Horticulturae. 328: 49-67.

Marcelies LFM. 1996. A força do sumidouro como determinante da partição de matéria seca na planta inteira. Journal of Experimental Botany. 47:1281-1291.

Minchin PEH, Thorpe MR e Farrar JF. 1993. a simple mechanistic model of phloem transport explaining sink priority. Journal of Experimental Botany. 44: 947955.

Rizzalli RH, Villalobos JF, Orgaz F. 2002. Interceção da radiação, eficiência do uso da radiação e partição da matéria seca no alho (*Allium sativum* L.). Jornal Europeu de Agronomia. 18: 33-43.

Staford JA. 1996. Os efeitos do prochoraz no crescimento e rendimento da colza. Universidade de Nottingham.

Singels A, Bezuidenhout CN. 2002. um novo método para simular a distribuição de matéria seca no modelo Canegro de cana-de-açúcar. Field Crop Research.78:151-164.

Tang L, Zhu CH, WX JU.Cao. 2007a. Simulação dinâmica da distribuição da matéria seca dos rebentos e da formação do rendimento da colza. Chin Journal of Applied Ecology.18:526-530(em chinês).

Taiz L, Zeiger E. 2010. fisiologia vegetal. Quinta Edn. Publicação da Sinauer Associates. 690 pp.

Índice

MIX
Papier aus verantwortungsvollen Quellen
Paper from responsible sources
FSC® C105338

Printed by Books on Demand GmbH, Norderstedt / Germany